イラスト図解でよくわかる

ITインフラの基礎知識

中村親里、川畑裕行、
黒崎優太、小林 巧 著

伊勢幸一 監修

技術評論社

本書に記載された内容は、情報の提供のみを目的としています。したがって、本書に記載されているプログラムの実行、ならびに本書を用いた運用は、必ずお客様自身の責任と判断によって行ってください。これらの情報の実行・運用結果について、技術評論社および著者、監修者はいかなる責任も負いません。
　本書記載の情報は、特に断りのないかぎり、2017年12月のものを掲載していますので、ご利用時には、変更されている場合もあります。
　以上の注意事項をご承諾いただいたうえで、本書をご利用願います。これらの注意事項をお読みいただかずに、お問い合わせいただいても、技術評論社および著者は対処しかねます。あらかじめ、ご承知おきください。

　本書に記載されている製品の名称は、すべて関係各社の商標または登録商標です。本文中に™、®、©マークは明記しておりません。

はじめに

　インフラエンジニアという職種がIT業界に出現したのはそう遠い昔のことではなく、国内で商用ブロードバンドサービスが開始された2000年前後の頃でした。ここではそのインフラエンジニアが生まれた背景を振り返ってみたいのですが、筆者がコンピュータに触れたのは1970年代のことであり、主に1970年以後のコンピュータ利用環境の変遷についてお話します。

大型汎用機の時代
　1970年代のコンピュータといえばほとんどが大型汎用機であり、企業の研究開発部門や理工学系大学では大型コンピュータをさまざまな科学技術計算やシミュレーション、データ分析、NC機械の制御データ作成などに利用していました。この時期の利用方法は1台の大型コンピュータにシリアル通信接続された数多くのモニタ端末を接続し、1つのCPUをタイムシェアリング形式で複数のユーザが共有する形態でした。

　大量のデータをコンピュータに入力するには、パンチカードリーダやテープリーダなどを利用しますが、個人やグループ単位で大型の入出力装置を持てるはずもなく、計算機センタの中にある入力装置で行います。しかし、データの入力はユーザが直接それら入力装置を操作するのではなく、計算機センタの職員に入力を依頼するという手続きがあって手間のかかるものでした。

　出力装置であるプリンターやプロッターも計算機センタ内に数台あるだけで、紙に出力されたデータも計算機センタの職員がジョブ番号別に出力棚に並べ、ユーザは処理が終わった頃を見計らって棚

まで出向き、自分の出力シートを探すという事をしていました。今思うと非常に使い勝手の悪い状況でしたが、当時、机上で手計算するよりも断然早く、また手計算では不可能とも思われる複雑かつ大量の計算をするにはコンピュータを使うしかないため、やむを得ないことでした。

既に1960年代後半には大型計算機を小型化し、組織全体ではなく部門単位でコンピュータを所持管理できるようになりつつありました。このコンピュータはミニコンと呼ばれ自由にコンピュータを利用したい研究者や開発者に歓迎されました。Linuxの元になったUNIXが開発され動作したのもDEC社のPDPと呼ばれるミニコンです。しかしミニコンを利用できるユーザには限りがあり、多くの利用者は前述の大型計算機を使用していました。

マイコン、オフコン時代

1970年代中ごろに半導体によるマイクロプロセッサが出荷され、そのプロセッサを用いたマイクロコンピュータという計算機が出現します（略称をマイコンと呼びますが、現在の簡易版CPUチップであるマイコンではありません）。今のパソコンの原型ですが、当時は机の上にひょいと置けるような大きさではなく、事務机とサイドワゴン1セット分ぐらいのスペースを必要とし、1台のマイクロコンピュータをチームやグループなど数人のユーザで共有する形式でした。このマイクロコンピュータを販売管理等の業務用に特化したシステムをオフコン（オフィスコンピュータ）と呼びました。

このマイコン、オフコンは従来の大型コンピュータのように専用のマシンルームと空調設備といった大げさなファシリティを必要とせず、ユーザと同じ居室の中に設置できなくもない程度の大きさで発熱騒音も事務機器レベルでした。さらに入出力機器も小型化され、データの入力、計算の実行、出力の取得など、コンピュータ利用フ

ローの中で、わざわざ計算機センタまで出向かずともよくなり、コンピュータの利便性が格段に向上します。そして、1980年初頭、マイクロコンピュータがさらに小型化、高性能、低価化し、現在のパソコンになりました。ここでコンピュータが1人1台の時代に突入することになります。

　ここまで、それぞれのコンピュータシステムは誰が管理し保守していたのでしょうか。前述のように大型計算機の時代には計算機センターという専門の部署があり、その部署の職員がコンピュータの運用を担っています。ミニコンやマイコンは各所有部門の兼任担当者が共有コンピュータの面倒を見ていました。多くの場合、その管理者は部門長や部門の中でもっともコンピュータやプログラムに精通しているエンジニアが担当していました。パソコンに関しては、当然のことながら利用者自身が使用するパソコンの管理運用を担当します。

　つまり、ここまでにインフラエンジニアという職種はありませんでした。この1980年代後半からさらに企業の業務にコンピュータが利用される時代になりますが、そこでも内部的に利用するコンピュータの運用業務はシステム管理部門（今でいうMIS：Management Information Systems）の技術担当者が行っており、彼ら彼女らはインフラエンジニアではなくシステム管理者と呼ばれていました。ここではコンピュータシステムの設計構築、保守運用、コンピュータと端末間、入出力機器間のネットワーク敷設、保守も同じシステム管理者が行います。

インフラエンジニアの登場
　インフラエンジニアの出現。それはインターネットという世界規模の情報通信基盤の出現とWWW（World Wide Web）という分散型情報共有システムの拡散浸透と連動しています。それまでコン

ピュータの利用者は企業内、学術団体内、部門内に限られていたため、企業や部門内部の担当者がコンピュータとネットワークシステムの運用をしていましたが、インターネットとWWWによって、組織内部のコンピュータから組織外部へ情報発信するようになり、やがて、情報発信だけではなく、通信販売や情報検索サービス、画像動画共有サービスなど、インターネットを通信基盤とし、各組織のサーバネットワークシステムを情報基盤とした事業へと発展していきます。

　ここで、情報通信をサービスとして提供し事業として運営するようになり、それら情報通信基盤を事業業務として運用する部門と技術者、すなわちインフラ部門とインフラエンジニアが求められるようになりました。そして2000年前後に常時接続を提供するブロードバンド回線サービスが始まり、さらに携帯電話やスマートフォンというモバイル端末の爆発的な市場拡大を背景に、通信網、情報発信機器、サービスアプリケーションのバックエンドシステムなど、インフラエンジニアの活躍は多肢に渡り、さらに重要性と需要が増大していきました。

　このように重要性と需要が増加する中、インフラエンジニアの技術的知識は非常に多肢に渡るため、少し前に注目されたフルスタックエンジニアという人材が求められるようになっていきますが、それらすべてをカバーする人材を見出すのはなかなか困難です。さらにフルスタックをカバーする云々以前に、IT関連エンジニア全体の中でインフラエンジニアが占める割合はごくわずかであり、今、より多くの高いIT技術と知見と誠意を持つインフラエンジニアが求められています。

　本書はそんなインフラエンジニアに興味のある若手新人エンジニア向けの入門書として構成されています。そのため、本書の執筆は

新卒入社1年目から3年目という若いエンジニアたちによって、これからインフラエンジニアを目指す読者と同じ世代、同じ目線と感性でインフラ技術への思いとインフラエンジニアの心構えを示していただきました。
　本書が読者にとってインフラ技術に興味を持ち、明日の情報通信基盤を担うエンジニアを目指す契機となれば幸いです。

著者を代表して
伊勢幸一

Contents

はじめに iii

Chapter 1
サーバ基本編 1

❶ 基本的なハードウェアとソフトウェアの構成
サーバとは？ 2
「サーバ」という名前の由来／ハードウェアとソフトウェア

❷ コンピュータの頭脳
CPU／GPU 4
CPU／GPU

❸ ストレージとメモリの関係
記憶装置 7
ストレージ／メモリ／ストレージとメモリの関係

❹ ネットワークI/Oのための機器
NIC 10
NIC／LANアダプタ

❺ OSを起動するファームウェア
BIOS 12
最初に起動するプログラム

❻ 役割と処理の流れ
OS 13
OSの役割／OSの処理の流れ

❼ OSとアプリケーションの中間
ミドルウェア 15
ミドルウェアとは／なぜ、アプリケーションと分かれているの？

❽ 位置づけが人やシステムによって異なる
さまざまなサーバサービス 17
サーバにはいろいろある／メールサーバ／サーバという用語の位置づけに注意

❾ インフラエンジニアの仕事
サーバの設計／構築／運用 19
3つのフェーズ

Chapter 2
ネットワーク編 ... 21

1 情報を伝達するには
ネットワークの基本 ... 22
ネットワークを学ぶ前に

2 ネットワークの形
トポロジ ... 24
トポロジとは／バス型／リング型／スター型

3 WANはLANをつなぐもの
LAN/WAN ... 28
LANとWANの違い／LAN (Local Area Network) ／
WAN (Wide Area Network)

4 2つのモデルの関係を知る
OSI参照モデルとTCP/IP階層モデル ... 31
2つのモデル／階層構造／プロトコル／OSI参照モデルとは／
TCP/IP階層モデルとは

5 データ通信の最小単位
パケット ... 36
パケットとは／パケットの中身／ヘッダとカプセル化、非カプセル化

6 端末の識別に使用される
IPアドレスとポート番号 ... 38
ポート番号はなぜ重要か／IPアドレスの正体と管理／IPv4とIPv6／
グローバルIPアドレスとプライベートIPアドレス／ポート番号

7 MACアドレスを識別する
レイヤ2スイッチ（スイッチングハブ） ... 43
レイヤ2スイッチとは／MACアドレス／レイヤ2スイッチの動作

8 複数のネットワークを接続する
レイヤ3スイッチ（ルータ） ... 47
レイヤ3とは／ルーティング／経路交換／レイヤ3スイッチとルータの違い

9 トラフィックを適切に分散させる
ロードバランサ ... 51
ロードバランサとは／ロードバランサの冗長化／ロードバランサの機能

10 危険なパケットを遮断する
ファイアウォール ... 55
ファイアウォールとは／ファイアウォールの役割／
ファイアウォールによるセキュリティ／ファイアウォールがあれば万全？

11 ほかのネットワークへとデータを運ぶ
バックボーンネットワークの構成 ... 58
バックボーンとは／3層構成ネットワーク／バックボーンの現実／
「南北トラフィック」と「東西トラフィック」

12 パケットの経路選択に影響を与える
トランジットとピア ... 63
「ASを構成する」とは／トランジット（Transit）／ピアリングの意義

13 プロバイダを階層に分ける
Tierの概念 ... 67
Tier1プロバイダの存在／ピアになるには

14 AS同士を接続する
インターネットエクスチェンジ（IX） ... 70
IXとは／IXの利用形態

15 インターネットにトンネルを掘る
VPN ... 72
VPNとは／リモートアクセスVPN／拠点間接続VPN

16 パケットをループさせない
STP ... 75
STPとは／ループしない仕組み

17 IPアドレスを複数機器で共有する
NAPT ... 77
NAPTとは／アドレス変換／ポート番号の利用

18 デフォルトゲートウェイを冗長化する
VRRP ... 80
ゲートウェイを冗長化する／VRRPの弱点

19 専用線、ダークファイバ、PON
回線サービス ... 82
3種類の回線サービス／専用線／ダークファイバ／PON

20 まったく異なる2つの接続方法
回線交換とパケット交換 ... 86
回線交換／パケット交換

㉑ 4つのEPC機器で支えられる
モバイル通信 88
　　4G/LTE時代のデータ通信を支えるEPCネットワーク

Chapter 3

運用編 91

① サービスを安定して提供する
運用とは 92
　　運用とは何か

② 4つのレベルに分けて考える
運用のレベル 94
　　運用のレベルを定義する

③ サービスを提供できないこと
障害 96
　　Webサービスの障害とは

④ 見積もりが最重要
運用設計で考えるべきこと 97
　　前提条件を考える

⑤ どのようにサービスの性能を向上するか
スケールアップとスケールアウト 98
　　スケールアップでは限界が来る／スケールアウトの注意点／
　　スケールアップとスケールアウトを組み合わせる

⑥ サービスを停止させず、安全にアップデートする
Webアプリケーションのデプロイ 101
　　デプロイの手順／カナリアリリースとは

⑦ 数値でサービスの品質を評価する
MTBFとMTTR、稼働率 105
　　サービスの安定性を数値で表す／稼働率でSLAを定める

⑧ 段階ごとに対応する
障害対応のフローの例 107
　　障害にはどの順番で対応するか／障害対応中の心構え

9 サーバを運用できる状態にする
プロビジョニング ……………………………………………… 111
プロビジョニングとは

10 アプリケーションのバージョンアップの手法
デプロイ ……………………………………………………………… 118
アプリケーションのデプロイの実際

11 覚えておくと役に立つコマンド
障害対応で使うコマンド ……………………………………… 122
基本的なLinuxのコマンド

12 サーバの異常を検知する
監視ツール ………………………………………………………… 134
サーバやアプリケーションの状態を知るには

13 実際の監視画面
いろいろな監視ツール ………………………………………… 136
画面で理解する監視ツール

14 障害のレベルを定義する
運用の負担を軽減するには ………………………………… 138
すぐに対応すべきかを考える

15 チャットボットを使った運用
chatops …………………………………………………………… 140
コマンドラインより便利なチャット

16 起動時に自動でサーバを構築する
cloud-init ………………………………………………………… 142
設定ファイルに構築手順を記述する

17 障害時にも自動復旧できる
オートスケーリングでの自動リカバリ ………………… 144
自動でサーバを置き換える

18 クラウド特有の手法
ブルーグリーンデプロイメント …………………………… 146
本番環境を2つ用意する

19 インフラもコードで管理する
Infrastructure as Code …………………………………… 147
クラウド環境では高度な自動化が可能

Chapter 4
情報セキュリティ編 — 149

❶ なぜ知っておくべきなのか
情報セキュリティとは — 150
なぜセキュリティ対策は重要なのか／セキュリティの目的／
完全なセキュリティ対策はない／インフラエンジニアにとってのセキュリティ

❷ 「ログイン」とセキュリティ
ユーザ認証 — 154
ユーザごとにアクセスを許可する

❸ 公開鍵認証ならより安全に
ssh認証方式 — 156
手軽なパスワード認証と便利で安全な公開鍵認証

❹ BASE64でエンコードして送信
BASIC認証 — 158
平文並みに盗聴に弱い

❺ アクセスや実行の権限を限定する
パーミッションとコマンド制限 — 160
パーミッションとは／コマンドの制限

❻ 嫌われがちだが実は優れもののLinux拡張機能
SELinux — 163
強力なアクセス制御を提供／SELinuxによる監査ログ

❼ サーバの認証と盗聴防止に役立つ
SSL — 165
SSLの役割

❽ サーバを本物だと証明する
SSL証明書 — 167
サイトの信頼性を上げる／認証局の公開鍵／
無料の「オレオレ証明書」は警告が表示される

❾ 無償で便利な証明書
Let's Encrypt — 170
Let's Encryptの使い方／Let's Encryptのテクニック／
証明書の更新の自動化と監視

xiii

10 攻撃に使用するシステムの欠陥
脆弱性 174
　　脆弱性とは

11 脆弱性の組み合わせで被害が大きくなることも
脆弱性の発生箇所 176
　　脆弱性はあちこちに生じる→多種のレイヤーで対策

12 脆弱性や設定不備が原因
DoS攻撃 179
　　ミドルウェアに存在する脆弱性や設定の不備が原因

13 どうやって知り、どう向き合うのか
脆弱性の発生と情報の収集 182
　　脆弱性が発生する理由とゼロデイ攻撃／脆弱性情報を収集して対策を考えよう／
　　脆弱性情報の収集の自動化／脆弱性情報を見つけたら

14 中間者攻撃とDDoS攻撃
ネットワーク上の脅威 186
　　中間者攻撃／DDoS攻撃

15 利便性と安全性のバランスが大切
sshポート変更の有効性 188
　　sshdのポート変更はムダ

16 破られないようにするには
パスワード 191
　　不正ログインの可能性を減らす／パスワードの定期変更は有効か

17 クラウドの裏にある物理面でのセキュリティ
データセンタ（DC）のセキュリティ 195
　　データをどう守るか／重要な入退室管理

18 自分のサーバの安全性を確認してみる
簡単なセキュリティチェック 198
　　セキュリティチェックの流れを理解する／
　　可能なら構築時にドキュメントにまとめておく／
　　バージョンの把握と脆弱性の調査／システムを検査する／
　　必要なセキュリティ対策／最後に

索引 205

著者・監修者プロフィール 209

Chapter 1

サーバ基本編

サーバとは、何かしらのサービスを提供する機器やソフトウェアを指します。まずは、個々の要素からやさしく学びましょう。

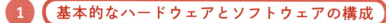

1 サーバとは？

「サーバ」という名前の由来

　サーバとはserve（奉仕する）する人（＝server）を意味し、「相手の要求に応じて奉仕する」ものであるといえます。レストランで料理を注文すると提供されるように、何かしらのリクエスト（要求）に対してレスポンス（応答）する機器やシステム、サービスのことを指します（図1-1-1）。たとえば、見たいサイトをクリックすることでリクエストがサーバへ行き、サーバはそのサイトの情報をレスポンスとして返すことで、結果的にユーザは目当てのサイトを見ることができます。インターネットアクセスだけではなく、メールの送受信やキーワード検索、印刷

図1-1-1　サーバのリクエストとレスポンス

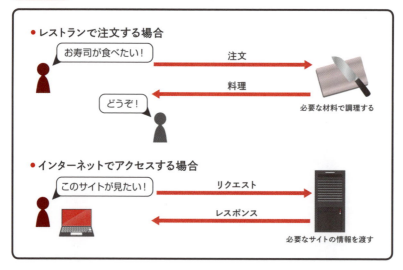

などのサービスもサーバによって提供されています。

ハードウェアとソフトウェア

　ハードウェアは後述するCPUやストレージ、メモリなどの物理的な電子部品すべてのことをいい、ソフトウェアを動かすための基盤です（図1-1-2）。一方でソフトウェアは、物理的なハードウェア上で動いているプログラムといえます。つまり普段私たちが使っている、たとえばチャットアプリなどのユーザアプリケーションだけでなく、後述するOS（Operating System）やミドルウェアも物理的な基盤の上で動くプログラムであるため、ソフトウェアの一種であるといえます。

　以降では、サーバを構成する個々のハードウェアやサーバ上で動くソフトウェアを説明していきます。

図1-1-2　サーバを構成するもの

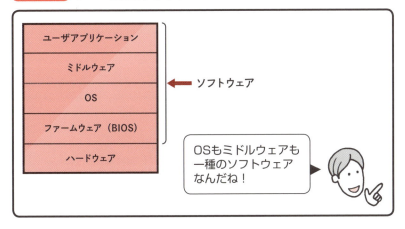

1 コンピュータの頭脳

2 CPU／GPU

CPU

　CPU（Central Processing Unit）はコンピュータの頭脳とよく表現されます。CPUの仕事は主に、ユーザからの命令を受け取り（fetch）、それを理解し（decode）、実行して（execute）、実行結果を出力する（store）ことです（図1-2-1）。これらの処理は大量の電気信号で行われるため、CPUは非常に熱を持ちやすく、冷却装置が必要不可欠になります。パソコンに重い処理をさせている（＝CPUに負荷をかけている）と「ブーン」とファンが回る音が聞こえたりしますが、これは冷却のために行われているのです。同様の目的で、サーバがたくさん置かれているデータセンタ（サーバルーム）では基本的に低めの温度に設定され、空気の

図1-2-1　CPUの仕事

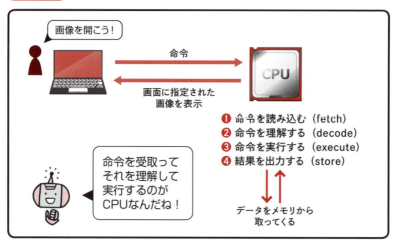

循環をよくするための工夫もされていたりします。

マルチコア

パソコンやスマートフォンの仕様で聞いたことがあるかもしれませんが、マルチコアはその名のとおり、複数のCPU（コア）が集まったCPUのことを意味します。複数のコアはそれぞれ独立してユーザからの命令を処理できます。コアが4つあれば単純に4倍速になるわけではありませんが、基本的にはコア数が多ければ多いほど処理速度は速くなります。

GPU

GPU（Graphics Processing Unit）は主に3Dグラフィックスの描画などの並列性の高い処理をするために必要な演算をする装置です。見た目はCPUと似ていますが役割が違います。GPUはコア数が多く、一つ一つのコアの性能はCPUより劣りますが、タスクをコアごとに分担して行う並行処理を得意としています。大量のタスクがあるときは大勢でタスクの割り振りをして処理したほうが速いのと同じです。3D描画などといった同時に大量の計算を速く処理するために、重いタスクを細かく分けて

図1-2-2　CPUとGPUの違い

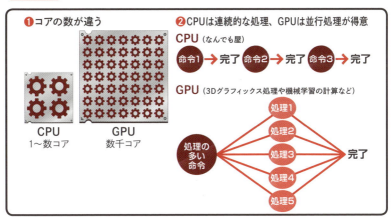

各コアで処理させているのです（図1-2-2）。

　最近では、GPGPU（General-purpose computing on graphics processing units）と呼ばれる、3D描画以外の一般的な目的でGPUを使う機会も増えてきています。GPUは重いタスクを速く処理できるので、シミュレーション技術や機械学習、ディープラーニングなどCPUに負けず劣らず、どんどん活躍の幅を広げています。

1 ストレージとメモリの関係

 記憶装置

ストレージ

　ストレージ（storage）は、store（貯める／溜める）の名詞で倉庫や保管という意味があり、その名のとおりデータを保存する装置です。コンピュータの電源を切ってもデータは保存され続けるため、長期記憶装置とも呼ばれます。現在では主にHDD（ハードディスクドライブ）とSSD（ソリッドステートドライブ）の2種類がよく利用されています。簡単に比較すると表1-3-1のようになり、利用するシステムやプロジェクトの予算や性能要件によって選択していきます。

表1-3-1　HDDとSDDの比較

項目	HDD	SSD
価格	安い	高い
アクセス速度	遅い	速い
容量	SSDより大きい	HDDより小さい
作動音	あり	静か
発熱	しやすい	しにくい
重さ	重い	軽い
消費電力	高め	低め
耐衝撃性	SSDより壊れやすい	HDDより壊れにくい

メモリ

　メモリはデータを一時的に記憶しておくための装置で、「主記憶装置」と呼ばれます。また、電源を切ってしまうとデータは消えてしまうため「揮発性メモリ」とも呼ばれます。もしかすると「ストレージがあるならメモリは不要では？」と思った人もいるかもしれませんが、メモリはストレージとは違った役割を担っています。ストレージが物理的な磁気媒体を利用して主に永続的なデータ（たとえば写真のデータなど）のやり取りをしているのに対して、メモリは電気的な信号でやり取りしているためアクセスがとても速く、CPUの仕事内容を一時的に記憶をしておく作業机として利用されています。メモリの容量が大きいということは、CPUにとって作業机が広く、作業効率がよいということになり、結果的にユーザにとってより快適に動くサービスを提供することとなるのです（図1-3-1）。

図1-3-1　メモリ容量を机の広さにたとえると……

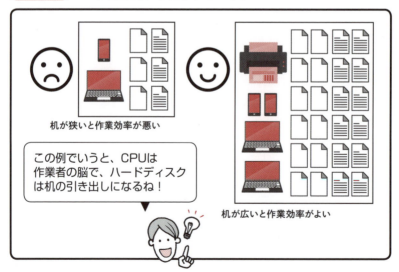

机が狭いと作業効率が悪い

机が広いと作業効率がよい

この例でいうと、CPUは作業者の脳で、ハードディスクは机の引き出しになるね！

ストレージとメモリの関係

CPUがユーザからの命令を入力装置（マウスやキーボードなど）から受け取って処理する場合を考えます。図1-3-2のように処理に必要なデータがメモリにある場合と、メモリにはなくストレージ（HDDやSSD）にある場合で、処理の速度が異なるのがわかります。

図1-3-2 メモリとストレージの関係

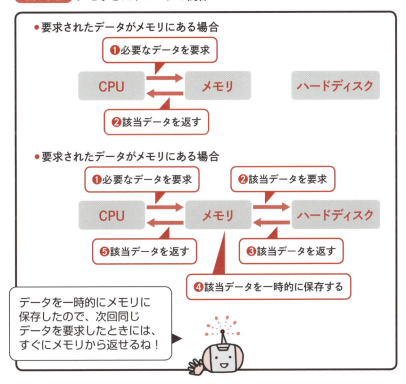

なお、メモリ容量の上限に達した場合は、あまり使われていないデータなどがストレージの領域（スワップ領域）に待避されるのが一般的です。

1 ネットワークI/Oのための機器

NIC

NIC／LANアダプタ

　NIC（Network Interface Card）は、ネットワークI/Oのための機器で、別名「LAN（Local Area Network）アダプタ」とも呼ばれ、サーバとネットワークへの玄関口になります（図1-4-1）。

　サーバ用のNICは一般的に複数のLANポートを持ち、用途ごとに分けたり、2本以上の物理ポートを論理的に1つのチャンネルにする（bondingといいます）ことで冗長化を図ったり、またパケット（2章で詳しく説明します）を分散させることでネットワークの帯域を増やしたりすることができます。

図1-4-1　NICはネットワークへの玄関口

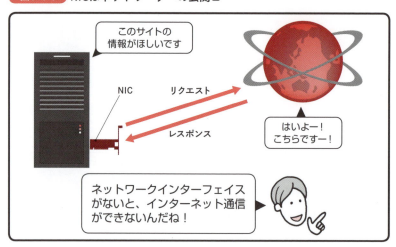

なお、NICにはMAC（Media Access Control）アドレスと呼ばれるユニークな番号が割り振られています。MACアドレスについては、P. 43で詳しく扱います。

COLUMN　ネットワークI/O

I/OはInput/Outputの略で「アイオー」と呼びます。一般的に外部からデータを入力（input）したり、逆に外部へデータを出力（output）したりする機器やソフトウェアを指します。つまり、ネットワークI/Oとは、ネットワークからの入力や出力をするための手段や方法のことです。

1 OSを起動するファームウェア

5 BIOS

最初に起動するプログラム

　BIOS（Basic Input/Output System）は「バイオス」と読み、「ファームウェア」に分類されるもので、コンピュータの電源を入れたとき、最初に起動するプログラムです。起動したBIOSはコンピュータに接続されている部品である、たとえばマウス、キーボード、ディスプレイなどがちゃんと接続されていることを確認し、基本的な制御を行います。その後にOS（WindowsやmacOSなど）を起動させることで、見慣れたデスクトップ画面が表示されます（図1-5-1）。

図1-5-1　起動の流れ

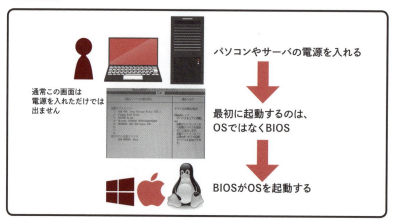

　BIOSのセットアップメニュー画面を表示させる方法はコンピュータ(機器)によって異なります。各メーカーのサイトなどで確認してください。

1 役割と処理の流れ

6 OS

OSの役割

　OS（Operating System）は、パソコンであれば「Windows」や「macOS」、スマートフォンであれば「Android」や「iOS（iPhone）」、サーバだと「Linux」や「UNIX」と、さまざまな種類を耳にします。OSの役割としては、「ユーザからの命令を受け付けるインタフェースとしての仕事」と「カーネルとしての仕事」に大きく分けられます（図1-6-1）。

　ユーザからの命令を受け付けるインタフェースには、みなさんの馴染みある、アプリやファイルなどをクリックやタッチをして直感的に操作ができるGUI（Graphical User Interface）と直接コマンドを打ち込むことで操作をするCUI（Character User Interface）があります。エンジニ

図1-6-1　OSの役割

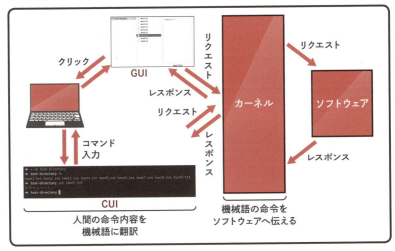

アは、慣れると速く操作ができ、またGUIでは用意されていない操作などもできることから主にCUIを好んで使います。

　カーネルとはOSの中核を成す部分のことであり、非常に重要な仕事をたくさん担っています。たとえばアプリ側からの要求に応じてOSの機能を呼び出し（＝システムコール）たり、現在動いているプロセスをどのようにして並行処理するかの管理を行ったりします。そのほかにも、メモリを含め、各周辺機器の状態管理など、ほとんどがカーネルによって制御されています。

OSの処理の流れ

　カーネルを含めたOS全体の主な処理の流れは、次のようになります。

①GUI（またはCUI）を経由してユーザから命令を受け取る
②受け取った命令を機械が理解できる機械語に翻訳する
③翻訳した命令を適切なソフトウェアやハードウェアに伝える
④ソフトウェアやハードウェアが行った処理の結果を受け取る
⑤GUI（またはCUI）に結果を出力する

1-7 ミドルウェア

OSとアプリケーションの中間

ミドルウェアとは

　ミドルウェアはソフトウェアの一種ですが、OSとユーザアプリケーションの中間に入るため、ミドルウェアと呼ばれています。ミドルウェアが提供するサービスとしては主にOSの機能を拡張したものや、ユーザアプリケーションでよく使う機能などがあり、それをあらかじめミドルウェアとして用意しておくことで、ユーザアプリケーションの開発時に用意された機能を使用することができるのです。

　ひと口にミドルウェアといっても非常にさまざまな種類があります。多くのシステムで利用されるものに、データの保存や取得を行う、データベース管理システム（DBMS：Database Management System）である「MySQL」「PostgreSQL」「Oracle Database」「Microsoft SQL Server」などや、Chromeなどのウェブブラウザと通信をするWebサーバ（HTTPサーバ）である「Apache」「Nginx」などがあります。

なぜ、アプリケーションと分かれているの？

　前述したとおり、ミドルウェアには汎用的な機能がたくさん用意されているため、アプリケーション開発者がデータの管理やWebアクセスの処理を無駄に開発しなくて済むというメリットが挙げられます（図1-7-1）。それに加えて、より大規模かつ複雑にシステムを構成する場合に、システム的な問題が起きた際の問題点がミドルウェアとアプリケーションのどちらにあるのかという原因の切り分けができることや、それぞれが独立していることも、セキュリティの観点で有用になります。

図1-7-1 ミドルウェアとアプリケーション

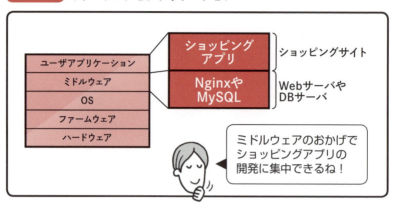

1-8 さまざまなサーバサービス

位置づけが人やシステムによって異なる

サーバにはいろいろある

前節で説明した「Webサーバ」や「DBサーバ」以外にも、多くのサーバサービスがあります。メールのやり取りを可能にする「メールサーバ」や、ファイルを共有できる「ファイルサーバ」は業務で利用することも多いでしょう。最近では、よくみなさんがプリンタとして使っている複合機もサーバの一種として多機能化しています。

メールサーバ

メールサーバは大きく分けて「SMTP（Simple Mail Transfer Protocol）サーバ」と「POP（Post Office Protocol）サーバ、もしくはIMAP（Internet Message Access Protocol）サーバ」という2つのサーバに分かれます。

サーバどうしのやり取りにProtocol（約束事）が付いていて、それぞれどのようにしてメールのやり取りをするのかという約束事が決められています。SMTPサーバは送信者のメールを受信者のPOPサーバへと送信する役割を担っています。受信者は自分宛のメールがないか、POPサーバに問い合わせをして、メールを受信します（図1-8-1）。

図1-8-1　メールサーバ（SMTPサーバとPOPサーバ）

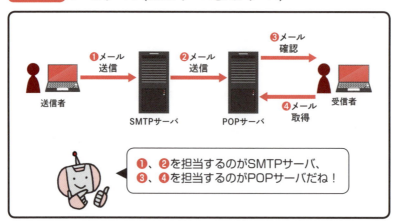

サーバという用語の位置づけに注意

　SMTPサーバとPOPサーバ（またはIMAPサーバ）をまとめてメールサーバと総称するように、一般的にサーバと呼ばれるものは、人やシステムによっていろいろです。また、ハードウェアのことなのか、ソフトウェアのことなか、あるいはサービスのことなのかも曖昧になることもあるので注意しましょう。

サーバの設計／構築／運用

3つのフェーズ

インフラエンジニアの仕事は大別すると「設計」「構築」「運用」の3つのフェーズに分かれます（図1-9-1）。

設計

どういった役割のサーバなのか、どのくらいの人数が使うことを想定するのか、障害の起きにくい構成にするにはどうすればいいのか、予算はいくらまでなのかを考えていきます。

構築

次に設計を基にサーバを構築していきます。必要なハードウェアを調達して、ソフトウェア（ミドルウェアやアプリケーション）をセットアップしていきます。災害に備えて複数のサーバを別々の場所で構築する必要があるかもしれません。

運用

サーバには障害がつきものです。24時間365日の監視や遠隔監視など、さまざまな運用方法があります。

これらの具体的な方法は、クラウドコンピューティングの活用や、監視ソフトウェアの導入によって、効率的に行うことが可能になってきました。そのため、インフラエンジニアは、基本的な技術を理解したうえで、常に最新の情報を押さえておく必要があります。

図1-9-1 サーバの設計／構築／運用

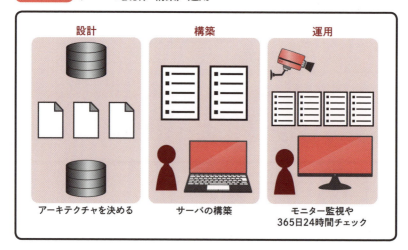

Chapter 2

ネットワーク編

ネットワークの基本は情報を伝達することです。この章では、情報伝達に必要なもっとも基本となる概念や機器について解説します。

2 情報を伝達するには

1 ネットワークの基本

ネットワークを学ぶ前に

　私たちはパソコンやスマートフォンでインターネット上のWebページを日々閲覧していますが、そのとき膨大な数のネットワーク技術が利用されています。

　ネットワークの基本は情報を伝達することです。ネットワークは郵便配達の概念に非常によく似ています。たとえば宅配便を利用するとき、送りたい品物をダンボールに梱包して宅配事業者に届けてもらいます。ネットワークも同じで、送りたいデータはパケットにしてルータに配送してもらいます。もちろん、配送した荷物（パケット）が途中でなくな

図2-1-1　プロバイダ同士の接続

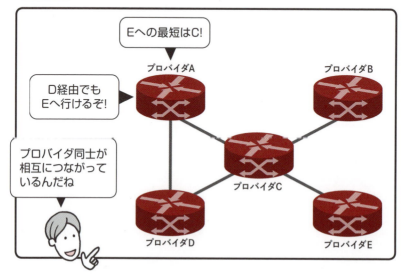

らないような仕組みや、届かなかったときには再送する仕組みなども整えられています（図2-1-1）。

　本章では、もっとも基本となるプロトコルの概念、それらの技術が利用された機器などを解説します。本書の内容すべてを一度に理解する必要はありません。最初は「なるほどそんな技術があるんだな」くらいの気軽な気持ちで読み進め、もし疑問を持ったとき、もう一度基礎を確認したくなったときに再度読んでください。そうすれば、よりしっかりと内容が定着するでしょう。

2 ネットワークの形

2 トポロジ

トポロジとは

　ネットワークにおけるトポロジ（topology）とは、コンピュータや機器同士が接続されている形を指します。トポロジには、1本のケーブル上に芋づる式に繋がっているバス型、機器同士を輪のように繋ぐリング型、現在もっとも普及しているスター型などがあります。

　バス型は20年ほど前によく利用された古いトポロジで、現在では古いシステムを除いて、ほぼ利用されていません。リング型は大きな通信事業者が都道府県をまたぐような接続や、巨大なネットワークを構築する際に用いられています。みなさんの自宅やオフィスにあるネットワークは、スター型です。

　では、この3種類のネットワークを見ていきましょう。

バス型

　バス型とは、1本の幹線ケーブルに複数のコンピュータが並列に接続されている状態を指します。当時としては高速な10Mbpsの通信速度を誇り、主に同軸ケーブルを通信媒体として利用していました。

　機器が接続される1本の幹線同軸ケーブルの両端には、電気信号が反射して支障をきたさないように、終端抵抗としてターミネータと呼ばれる機器が装着されます。

　機器はトランシーバと呼ばれる機器を利用して幹線に接続します。トランシーバには針がついており、同軸ケーブルに噛み込ませる形で利用されていたことから、吸血鬼のイメージでヴァンパイアとも呼ばれてい

トポロジ ②

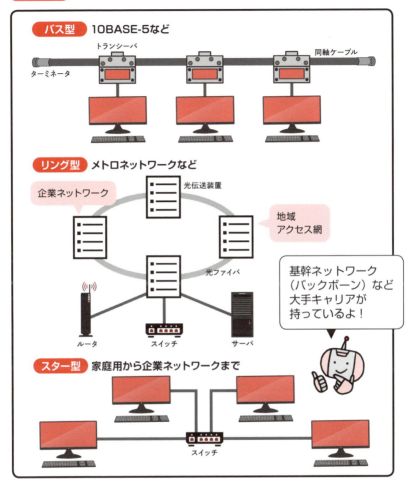

図2-2-1 トポロジ

ました。

　幹線が切れてしまうとすべてのコンピュータの通信が成立しなくなるなど、障害時に弱く、コンピュータの数が増えれば増えるほど通信効率が悪くなるといった特徴もあります。その反面、データを全端末に配布する際はすべてのトポロジの中でもっとも効率がよいといえます。

　バス型のネットワークでは1本の同軸ケーブルに何台ものコンピュー

タが繋がっているため、必ず一方向通信となります。1台のコンピュータが送信したデータ（電気信号）は、同じ同軸ケーブルに接続されているすべてのコンピュータに届きます。つまり、みんながそれぞれ無秩序に同時に通信をしてしまうと、電気信号が衝突してデータが壊れ、正常に通信できないという事態に陥ります。このような一方向の通信方式を半二重通信といい、考案された通信制御技術がCSMA/CD（Carrier Sense Multiple Access with Collision Detection）です。

　Ethernet（イーサネット）の大原則として、データの送信はCSMA/CDで制御されます。これは1本の通信回線を複数のコンピュータで共有することを目的とした制御方式で、「早い者勝ちのデータ送信方式」ということもできます。

　具体的には、コンピュータがデータを送信する前に、ほかのコンピュータがデータを送信していないか確認（キャリアセンス）し、通信路が利用できることを認識してからデータを送信します。送信前に通信路の空きを確認したにもかかわらず、たまたまほかのコンピュータとデータの送出タイミングが同じで衝突（コリジョン）してしまった場合はどうなるでしょうか。電気信号が衝突するとデータは壊れてしまい、ジャム信号と呼ばれる信号がケーブル上に流れ、全コンピュータが衝突の発生を検知します。

　もともとデータを送信しようとしていたコンピュータは、ランダムな時間間隔で待機し、キャリアセンスをした上で再送信を試みます。このように、①通信路の空きを確認する、②送信する、③衝突したら待つという動作を繰り返すことによりコンピュータ同士が通信するのが、バス型トポロジの特徴です。このトポロジを採用した代表的な規格としては、10BASE-5や10BASE-2が挙げられます。

リング型

　リング型は、コンピュータや通信機器を円状に接続した状態を指します。大きな通信事業者が持つ都市間を結ぶネットワーク（メトロネット

ワーク）や、機器間を2本、もしくはそれ以上のケーブルで接続して冗長化するなど、バス型ネットワークよりも耐障害性に優れた設計を行うことができます。

今日ではメトロネットワークにおいて活用され、伝送装置を光ファイバで接続して数百ギガ〜テラbps級の大容量基幹ネットワークを提供しています。光伝送装置は、NECの「Spectral Wave」や富士通の「Flash Wave」などの製品が利用されています。

リング型の規格としてはFDDI（Fiber Distributed Data Interface）やToken Ringが挙げられます。通信制御技術にはバス型で利用されていたCSMA/CDではなく、トークンパッシング方式が採用されました。

トークンパッシングとは、トークンと呼ばれるデータの送信権利が常にリングネットワーク上を周回しており、そのトークンを得た端末がデータを送信することができ、データ送信が終わったらネットワークにトークンを放出します。

これにより、データを送信する端末は必ず1台のみなので、CSMA/CDで見られた通信路の空き確認や衝突時の挙動といった余計な動作が必要なくなってシンプルになりましたが、トークンを持っていないとデータを送信できない半二重通信であることに変わりはありません。

スター型

現在、もっとも標準的に利用されている形態で、スイッチングハブやルータなどの分配装置を中心として放射型（スター型）にコンピュータが接続される状態を指します。

スター型は、バス型やリング型よりも配線の自由度が高く、家庭のLANでも利用されます。また、ケーブルが切断されるなどの局所的な障害が生じても、ネットワーク全体に波及しにくい特徴を兼ね備えます。

無線LANもアクセスポイントを中心にコンピュータが接続されるので、スター型といえます。代表的な規格としては、LANケーブルを利用した10BASE-Tや100BASE-TX、1000BASE-Tなどが挙げられます。

② WANはLANをつなぐもの

③ LAN/WAN

LANとWANの違い

　無線LANや企業内LANなど、LANは身近な言葉である一方、WANはあまり聞いたことがないかもしれません。Wi-Fiルータの背面には「WAN」と書かれたポートと「LAN」と書かれたポートが並んでいますが、2つの違いは何でしょうか。

図2-3-1　LAN/WAN

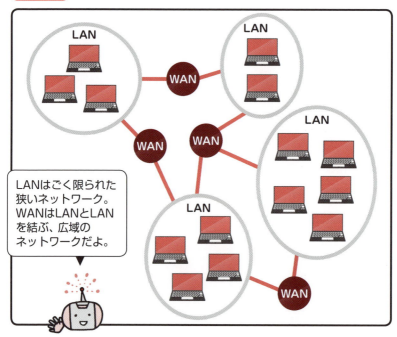

LANはごく限られた狭いネットワーク。WANはLANとLANを結ぶ、広域のネットワークだよ。

LAN（Local Area Network）

　無線LANという言葉からもわかりますが、LANとは屋内や建物の敷地内に構築された区域限定ネットワークのことです。電話にたとえると、内線に相当します。

　みなさんにもっとも馴染みがあるのが家庭内LANでしょう。テレビのレコーダーや無線LANルータ、パソコンなどがスイッチングハブなどを介して相互に接続されているネットワークがLANです。もう少し大きなLANとしては、学校のパソコン室や職員室のLAN、企業となると社内LANが挙げられますが、LANの大きさはさまざまです。LANの規模は決められていませんが、2台以上のコンピュータや機器が相互に接続されていれば、それは立派なLANです。

　ここで、LANを構成する接続形態として登場するのが2-2節で解説したバス型やリング型、スター型のネットワークです。これらはLANの配線方式と考えることができ、一般的なLANはスター型のEthernetネットワークです。スター型のLANを構築するためには、ケーブルや接続するコンピュータに加えて、スイッチングハブなどの集約装置が必要です。

WAN（Wide Area Network）

　ところで、ネットワークは本当にLANだけでよいのでしょうか。スマートフォンやパソコンでニュースサイトや動画サイトを見ているとき、ニュースサイトや動画サイトのデータもまた、GoogleやYahoo!などの企業のLANの中にあるものです。つまり、LANとLANを繋ぐものが必要で、そこで登場するのがWANです。

　WANは地域間や遠隔地を結ぶネットワークを指します。その規模は日本国内だけにとどまらず、大陸間を結ぶなどの超広域のWANも存在します。電話にたとえると、世界中、どこでも繋がる外線に相当します。

　WANの本質はLANとLANを相互接続するネットワークです。みなさんの家庭のネットワークではインターネットがWANにあたります。

そのほかのWANの利用例として、国内に複数のオフィスを構えている企業を考えてみましょう。各オフィスのLANをNTTなどの大きな通信事業者が持っているWAN回線を利用して接続し、社内ネットワークを構築します。これにより、各拠点の業務データを別拠点のLANでも共有することができ、業務効率の向上に繋がります。

　WANもまた規模や用途はいろいろですが、大きな通信事業者が保持する通信網で、LANとLANを相互に接続するものであるという認識でだいたい問題ありません。

　LANではEthernetが標準的なプロトコル（通信規約、情報表現手段）として使われると解説しましたが、WANではどのようなプロトコルが利用されるのでしょうか。

　現在では、Ethernetが普及したおかげでWANでもEthernetを利用している事業者が多いのですが、数百kbpsの専用線で利用されたFrame RelayやPPP（Point to Point Protocol）、3G携帯電話ネットワークのバックホールでも使われたATM（Asynchronous Transfer Mode）、国際回線や大規模なバックボーンで利用されるSONET/SDHなどWANのプロトコルは多岐にわたります。

　これからネットワークを学習するみなさんは、まずLANで利用されているEthernetから学習し、興味があればステップアップとしてWANのプロトコルも学習して行くとよいでしょう。ちなみに、筆者が触ったことがあるプロトコルはEthernetとPPPくらいです。

Point!

❶ 屋内や1つの敷地内に構築された狭域ネットワーク
❷ スター型のEthernetネットワークが一般的
❸ Webサイトを見るとき、LANを構築しただけでは意味がない

2 2つのモデルの関係を知る

4 OSI参照モデルと TCP/IP階層モデル

2つのモデル

　OSI参照モデルとTCP/IP階層モデルという言葉はよく聞きますが、それぞれどのような意味や関係があるのでしょうか。

　この節では、ネットワーク上でやり取りされる情報をどの機器が、どんなデータを、どのように処理するか見ていきましょう。その前に、ネットワークを学ぶうえでもっとも大切な考えを示します。

- ネットワークの通信は階層構造である
- 階層ごとに通信プロトコルがある

表2-4-1 OSI参照モデルとTCP/IP階層モデル

レイヤ	OSI参照モデル	レイヤ	TCP/IP階層モデル	よく使うプロトコル	何が処理する？
7	アプリケーション層	4	アプリケーション層	HTTP・DNS POP3・SMTP FTP・SSH	アプリケーションプログラム（例：ブラウザ）
6	プレゼンテーション層				
5	セッション層				
4	トランスポート層	3	トランスポート層	TCP・UDP	オペレーティングシステム（OS）（例：Linux、Windows）
3	ネットワーク層	2	インターネット層	IPv4/v6・ICMP	
2	データリンク層	1	ネットワークインタフェース層	イーサネット、PPP	デバイスドライバ ネットワークインタフェース（例：NICのチップ）
1	物理層				

なんだかややこしい…。
OSI参照モデルは通信の考え方を7段階に分けたものなんだね。

普段使っているネットワークは、TCP/IP階層モデルにしたがって実装されているんだよ！

この2つを前提に考えれば、OSI（Open System Interconnection）参照モデルもTCP/IP階層モデルも難しくありません。

階層構造

まずここでは階層構造について、しっかり定義しておきます。

階層構造とは、データを処理する対象と処理する方法が層ごとに決められており、それが層のように重なり、順番に処理していくことを指しています。その層で処理できる部分や内容は決められているので、たとえばアプリケーション層がやるべき処理を、プレゼンテーション層が処理することはできません。階層構造化することによって、おのおのの層で利用されるプロトコルを組み合わせて、どんなデータでも処理できるようになるのです。

もし階層構造になっていなかった場合、すべての通信の組み合わせをいちいち定義しなければならないため分業することができず、エラーが発生してもどこの部分が悪いか切り分けも大変になります。一方、階層構造化されていると、どの層でどのようなエラーが発生したかがわかりやすく、どの層ではどんな処理をやらせるか決めることができるので、実装や設計が非常に楽になります。

プロトコル

プロトコルとは、端的にいうと、異なる二者の間での共通の表現方法であり、ルールです。どんな機器がつながっているのかがわからないネットワーク上において、データをやりとりするための共通の表現方法がないと、データを正しく伝えられません。

各階層構造にはさまざまなプロトコルが存在しますが、ここではいくつか身近なプロトコルを紹介します（表2-4-2）。なかでも、HTTPは特によく利用されるプロトコルで、スマートフォンやパソコンのブラウザでWebページを閲覧するとき、ページ情報を転送するために利用されて

表2-4-2 身近なアプリケーションプロトコル

HTTP	HTMLファイルなどのファイルを転送するために利用される
POP	メールを受信するプロトコル
SMTP	メールを送信するプロトコル
DNS	「www.google.co.jp」などのドメインとIPアドレスを紐付けるプロトコル

　この4つはアプリケーションプロトコルと呼ばれ、ブラウザなどのOS上で動作するアプリケーションが処理を受け持つプロトコルです。ほかにも、OSが処理するプロトコル、実際のハードウェアが処理するプロトコルなど、さまざまなプロトコルが存在します。

OSI参照モデルとは

　ここまでに解説した階層構造とプロトコルの意味がわかれば、OSI参照モデルとTCP/IP階層モデルも簡単にわかるでしょう。簡単にいうと、OSI参照モデルはネットワークを考える上での概念で、TCP/IP階層モデルはOSI参照モデルにしたがって実装されたものです。次に、もう少し詳しく見ていきましょう。

　OSI参照モデルとは、ISO（国際標準化機構）がコンピュータの通信方式を7階層に分けて定義したものです（表2-4-3）。1984年に策定されたものですが、当時は通信方式がメーカーごとにバラバラで実装されていたのに対し、どのようなコンピュータでも同様に通信できるように考え出されました。

　それから今日に至るまで、すべてのプロトコルや通信方式はこのモデルに沿っています。このモデルのおかげで、メーカーや機種、利用する国にかかわらず、世界中どこでも同じように通信ができるのです。

　また、ネットワークの設計を行う場合など、エンジニア間でプロト

ルについて議論する場合は、このOSI参照モデルに沿って議論するのが一般的ですので、ぜひとも覚えておきましょう。

表2-4-3 OSI参照モデルの各階層の役割

レイヤ7	アプリケーション層	アプリケーションごとの通信方式を定める
レイヤ6	プレゼンテーション層	文字コード等のデータの表現方法を定める
レイヤ5	セッション層	アプリケーション同士の通信の確立、切断を定める
レイヤ4	トランスポート層	コンピュータ同士の信頼性のある通信方法について定める
レイヤ3	ネットワーク層	端末間でのデータ通信、転送方法について定める
レイヤ2	データリンク層	直接物理接続された機器間のデータ通信、転送方法について定める
レイヤ1	物理層	レイヤ2～7の情報（ビット列）を電気、光信号にする方法について定める

　コンピュータ同士で通信を行う際には、送信側はレイヤ7から1に向かって処理し、受信側はレイヤ1から7に向かって処理を行います。表2-4-1では、どのレイヤで何が処理を行うかを書いておきました。

TCP/IP階層モデルとは

　TCP/IP階層モデルは、OSI参照モデルの考えに従って、私たちが利用する機器に実装されたものです。すでに解説したHTTPもDNSも、すべてOSI参照モデルの考えには従っていますが、実際に利用されているのはTCP/IPネットワークです。TCP/IPネットワークでは現在さまざまなプロトコルから構成されていますが、TCPとIPと呼ばれる2つのプロトコルが大きな役割を果たすことから、まとめてTCP/IPと呼ばれています。

　表2-4-1を見ると、OSI参照モデルでは7層だったのに、TCP/IPモデルでは4層になっていることに疑問を持つ人も多いでしょう。概念や考え

方をそのまま実装すると、逆に手間がかかる場合もあります。

　たとえば、OSIのプレゼンテーション層は文字コードなどの表現方法を決める層ですが、これをわざわざ文字コードだけ決めるアプリケーションを単体で作り、利用することは効率のよいこととはいえません。そのため、実際に開発されるソフトウェア（アプリケーション）は、アプリケーションの機能（OSI参照モデルでいうレイヤ7）と、文字を伝達する文字コード（レイヤ6）、アプリケーション同士で通信を行う部分（レイヤ5）をまとめて実装し、TCP/IPモデルでのアプリケーション層としているのです。

　TCP/IPモデルのIPアドレスでの通信やTCPなどのコネクション通信を実装しているのはOSです。Linuxと呼ばれるOSは現在オープンソースソフトウェアとして世界中で利用されており、多くのサーバでも稼働実績のあるOSです。もしネットワーク通信部分の実装に興味があれば、ぜひともソースコードを見てみましょう。C言語で書かれていて、すべての処理の内容を追うことができます。

> 参考URL **ネットワーク関連ソース**
> https://github.com/torvalds/linux/tree/master/net

> 参考URL **IPv4通信に関わるもの**
> https://github.com/torvalds/linux/tree/master/net/ipv4

2 データ通信の最小単位

5 パケット

パケットとは

　パケット（小包）とは、ネットワーク上でのデータの1単位です。データという中身の入ったダンボールによくたとえられます。ネットワークではすべての通信をパケット単位で処理を行い、このようなネットワークをパケット通信と呼びます。

　パケット通信では、基本的に必ず差出人（送信元）と受取人（宛先）があり、その人（端末）の識別にIPアドレスと呼ばれる番号を利用して配送を行います。現実世界にたとえると、IPアドレスは住所のようなもので、世界に同じものが2つあってはならないユニークな（＝固有の）番号を指しています。ここでは、配送されるパケットについて、詳しく見ていきましょう。

パケットの中身

　パケットの中身はどのようになっているのでしょうか。図2-5-1でわかるように、ヘッダがたくさんついています。左がパケットの先頭で、レイヤ2ヘッダ、レイヤ3ヘッダ、レイヤ4ヘッダ、送りたいデータの順番になっています。ヘッダは郵便の伝票に相当するところで、必ず送信元と宛先の情報がそれぞれ書かれています。ネットワーク機器でおなじみのスイッチングハブ（L2スイッチ）やルータは、このヘッダの情報をもとにパケットをバケツリレー方式で次々と転送して、最終的に受取人（宛先）へ配送される仕組みになっています。

パケット 5

図2-5-1 パケットの中身

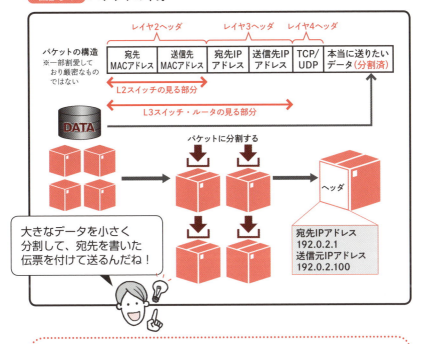

ヘッダとカプセル化、非カプセル化

　ヘッダがたくさんあるのは、すでにP.32で解説したとおり、階層構造が採用されているからです。それぞれのプロトコルやレイヤを担当する機械に「このヘッダがついていたら、私の担当範囲だ」と理解させることができます。

　データを送信するときは、送りたいデータにそれぞれのレイヤで利用されているプロトコルのヘッダを付け、データを受信したら1つ1つヘッダを剥がしていき、最終的に送りたいデータのみアプリケーションが取り出します。このようにヘッダを付けることをカプセル化といい、ヘッダを剥がすことを非カプセル化といいます。

　このように、アプリケーションが送りたいデータをやりとりするために、ほかのパーツ（レイヤ）が必要な転送処理を行ってくれるため、分業することができるのです。これも階層化されたネットワークの恩恵です。

2-6 端末の識別に使用される IPアドレスとポート番号

ポート番号はなぜ重要か

　TCP/IPネットワークの通信はIPアドレスだけでなく、ポート番号との組み合わせで識別されます。1つのIPアドレスを持つ同じ相手への通信でも、ポート番号が違うものはまったく異なる通信・内容として識別されることを覚えておいてください。

IPアドレスの正体と管理

　IPアドレスはレイヤ3のアドレスのことで、端末同士がエンド・ツー・エンドで通信する際に、互いの宛先や送信元として利用されるTCP/IPの世界の住所を表します。

　IPアドレスはインターネット上でも使われるので、利用されるIPアドレスが重複しないように、アジアやヨーロッパという大きな地域ごとに、また国ごとにIPアドレスを管理する団体が存在します。日本ではJPNIC（Japan Network Information Center）が国内で利用されるIPアドレスの管理を行っており、指定事業者と呼ばれるISP（Internet Service Provider）がJPNICからIPアドレスの割り当てを受けて、さらにISPはエンドユーザーにIPアドレスを割り当てます。

　このように、IPアドレスの割り当ては階層構造のようになっており、約43億個もあるIPアドレスをホールケーキから切り分けるように、最上位の管理組織から下位組織へと割り当てるごとに細かく分割されていきます（図2-6-1）。

IPアドレスとポート番号

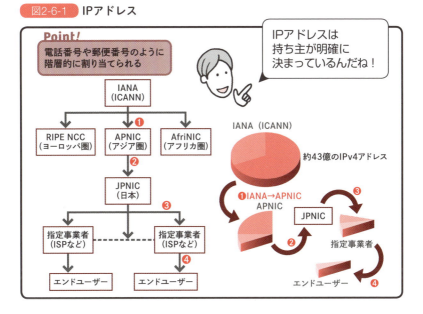

図2-6-1　IPアドレス

IPv4とIPv6

　利用されているIPアドレスには、実はIP version4（IPv4）とIP version6（IPv6）という、バージョンの異なる2種類が存在します。もともとIPv4だけだったのですが、当初の想定を超えるスピードでコンピュータが普及し、IPアドレスを利用する端末が増えたことから、約43億個のIPv4アドレスでは足りなくなってしまいました。

　IPアドレスは簡単には増やせません。IPアドレスを増やすには、利用されているIP（Internet Protocol）の仕組みを変える必要があるからです。結果として、互換性はなくなるものの、将来にわたってほぼ無限ともいえる数のIPアドレスを利用できるIPv6が考え出されました。

　IPv4はアドレスが32ビットで表現されるため、アドレスの数は約43億個ですが、IPv6はなんと128ビットもあるので、アドレスは約340澗（かん）個もあります。340澗といわれてもぴんとこないかもしれませんが、だいたい43億×43億×43億×43億にあたります。たとえば、人間の髪の

毛は約10万本、世界の人口は約74億人ですから、全員の髪の毛1本ずつにIPv6アドレスを割り当てても、まだ余裕があります。

　IPv6アドレスは1999年に割り当てが開始されたものの、現在でも依然としてIPv4アドレスの需要が高く、枯渇した状態が続いています。使われなくなったIPv4アドレスは積極的に回収・返納され、需要がある別の事業者に割り当てられる移転が行われています。

　日本でも、総務省やJPNIC、各ISPなどが協力してIPv6の利用を推進しており、私たちが意識しないところで徐々にIPv6アドレスが利用されるようになってきています。たとえば、米Apple社もアプリ開発者に対して、リリースするアプリを必ずIPv6通信に対応するように条件を付けています。このような努力により、近い将来にIPv6アドレスが標準として利用されるようになるかもしれません。

グローバルIPアドレスとプライベートIPアドレス

　ここからは、IPアドレスは特に注釈のない限り、すべてIPv4アドレスのこととして解説を進めます。

　すでに、IPアドレスはJPNICなどの管理団体によってISPへ、そしてエンドユーザーへと割り当てられていくと説明しましたが、私たちが普段家庭で使っている機器のIPアドレスは誰が管理し、どのように利用が許可されているのでしょうか。

　実は、IPアドレスには内線番号のように、自由に使ってよいアドレスがあるのです。このアドレスのことをプライベートIPアドレスといいます。どの範囲のIPアドレスをプライベートアドレスにするかは、プロトコルを定めているRFC（Request For Comment）と呼ばれる文書によって、明確に規定されています。

　プライベートIPアドレスは、次のとおりです（表2-6-1）。

表2-6-1 プライベートIPアドレスの範囲

プライベートIPアドレス	範囲	数
10.0.0.0/8	10.0.0.0〜10.255.255.255	16,777,216個
172.16.0.0/12	172.16.0.0〜172.31.255.255	1,048,576個
192.168.0.0/16	192.168.0.0〜192.168.255.255	65,536個

　プライベートIPアドレスは、RFC1918として定義されています。興味のある人は日本語訳もありますので、ぜひ一読してみてください。

参考URL **JPNIC**
https://www.nic.ad.jp/ja/translation/rfc/1918.html

　一方、インターネットのように誰もが使うネットワークでは、各団体によって管理されたグローバルIPアドレスが利用されています。

ポート番号

　ポート番号はOSI参照モデルのレイヤ4で用いる番号で、TCPやUDPを利用するアプリケーションで利用されます。IPアドレスはそれぞれのコンピュータを識別する番号ですが、IPアドレスだけでは受け取ったパケットがどのアプリケーション宛てのデータか判別できず、通信が成立しません。たとえば、Webブラウザを2つ起動して、片方はYahoo!のページに、もう片方はGoogleのページにアクセスしたとき、互いのブラウザで表示内容が入れ替わることはありませんが、これはポート番号が異なることによってまったく異なる通信内容として識別されているからなのです。

　もう少し詳しく例を挙げてみましょう。IPアドレスがマンションの住所だとするなら、ポート番号はそのマンションの部屋番号にあたります。パケット（荷物）の宛先はIPアドレス（マンションの住所）で、ポート番号（部屋番号）はアプリケーション（各部屋）を識別する番号です。

　TCP/IPネットワークはクライアント・サーバモデルを採用しており、

サービスを提供するサーバと、それを利用するクライアントが存在します。サーバはアプリケーションを立ち上げると、決められたポート番号でパケットを待ち受け、クライアントからの通信を識別して、それぞれのアプリケーションでユーザから送られてきたデータを処理します。

ポート番号には0〜65535番まであります。代表的なサーバアプリケーションのポート番号は以下のとおりです（表2-6-2）。

表2-6-2　**代表的なポート番号**

プロトコルとポート番号	アプリケーション	ソフトウェア例
TCP:80	Webサーバ	Apache/Nginx
UDP:53	DNSサーバ	BIND/NSD
TCP:25	SMTP（メール送信）サーバ	Postfix/Sendmail

0〜1023番のポート番号は「よく知られている」という意味で「Well Known Port」と呼ばれます。上の表にあるような、よく使われるアプリケーションが利用するポート番号は、IPアドレスと同じく、RFCの文書であらかじめ決められています。

余談ですが、ふだん何気なく、ブラウザのアドレスバーに「http://〜」とURLを入力していますが、実は最後に接続先ポート番号を指定する「:80」が省略されています。試しに、好きなWebサイトのドメインの最後に「:80」をつけてアクセスしてみてください。いつものようにWebサイトが表示されます。なお、ポート番号の割り当てに関するRFCは、以下を参照してください。

参考URL **RFC1700 Assigned Numbers**
https://www.ietf.org/rfc/rfc1700.txt

7 レイヤ2スイッチ (スイッチングハブ)

MACアドレスを識別する

レイヤ2スイッチとは

インターネットは、相互に接続されたルータやスイッチングハブで構成されており、パケットはその中をバケツリレー方式で運ばれていきます。ここでは、そのバケツリレーを構成する機器の1つであるレイヤ2スイッチについて解説します。

レイヤ2スイッチとは、一般的にスイッチングハブと呼ばれます。その名前のとおり、OSI参照モデルのレイヤ2で動作する機器です。レイヤ2（データリンク層）では、直接接続された機器同士の通信を規定しています。たとえば、パソコンとパソコン、パソコンとルータ、ルータとスイッチングハブなど、LANケーブルや光ファイバケーブルを利用して接続される機器間の通信を指し、ごく少数の例外を除いて、イーサネットが使われています。

MACアドレス

レイヤ2のアドレスとして利用されるのが、MAC（Media Control Access）アドレスです。MACアドレスは、パソコンやルータ、スイッチングハブなど通信機器のROMに焼き込まれた、固有の48bitのアドレスです。同じMACアドレスを持つ機器は、世界に2つとないように製造されています。

MACアドレスの前半3バイトは端末製造事業者に割り当てられるIDで、後半3バイトは事業者が製造する端末に自由に割り当てられるIDです。

図2-7-1 MACアドレス

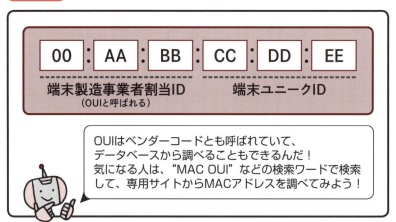

パソコンを持っている人は、Windowsではコマンドプロンプトから「ipconfig /all」、Mac/Linuxはターミナルから「ifconfig」と入力すると、自分のパソコンのネットワークインターフェイスに書き込まれたMACアドレスを調べることができます。

レイヤ2スイッチの動作

レイヤ2スイッチは、パケットのレイヤ2ヘッダに記載されたMACアドレスにしたがって、受け取ったパケットをどのポートに転送するかを決定します。スイッチは、多いもので48もの接続ポートを搭載し、どのポートにどのMACアドレスの機器が接続されているか、MACアドレステーブルと呼ばれる対応表をメモリ上に保持しています。

どのようにパケットが転送されるのか、図を参照しながら流れを追ってみましょう（図2-7-2）。

レイヤ2スイッチ（スイッチングハブ） 7

図2-7-2 レイヤ2スイッチ

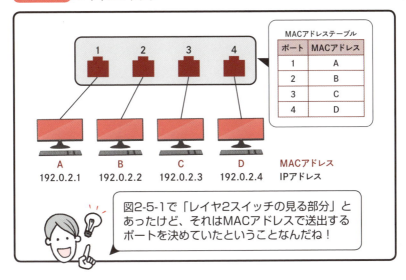

まず、レイヤ2スイッチの電源を入れ、立ち上げた直後のMACアドレステーブルは空の状態です。

MACアドレスAの端末が、MACアドレスDの端末宛てにパケットを送信すると、Aからパケットを受け取ったスイッチは、ポート1番にMACアドレスAが接続されていることを学習し、MACアドレステーブルに登録します。

スイッチは、Dの端末がどのポートに接続されているかをまだ学習していません。このとき、スイッチは受信ポートを除く、すべてのポートにパケットを転送します。これをフラッディングといいます。

MACアドレスBの端末とCの端末は自分宛てのパケットではないので、受け取ったパケットを破棄しますが、Dの端末は自分宛てなのでパケットを取りこみます。

レイヤ2スイッチの基本動作は以下のとおりです。

Point!

❶ MACアドレスを基にパケットを転送する
❷ 物理ポートとMACアドレスをMACアドレステーブルで紐付ける
❸ MACアドレステーブルに載っていないパケットを受信したときは、受信ポートを除く、すべてのポートに転送する
❹ 宛先のMACアドレスがFF:FF:FF:FF:FF:FFのブロードキャストパケットを受信すると、フラッディングする

COLUMN レイヤ○○の意味

「レイヤ2で動作する」ということは、パケットのレイヤ2ヘッダまでを認識して動作することをいいます。このあと、レイヤ3スイッチについて触れますが、「レイヤ○○」と呼ばれる機器を目にしたときは、「パケットのレイヤ○○までを認識して動作する装置」だと考えれば理解しやすいでしょう。

たとえば、レイヤ3だと、レイヤ2のMACアドレスやIPアドレスを認識しますし、レイヤ7だとHTTPなどのアプリケーションのコンテンツまで認識することができます。逆にいうと、レイヤ2スイッチは、レイヤ2のヘッダ以降（レイヤ3～7）を単なるデータとしてしか認識できず、その内容が何であろうと一切関係なく動作します。

2 複数のネットワークを接続する

8 レイヤ3スイッチ（ルータ）

レイヤ3とは

　レイヤ2スイッチを多段接続することで、接続できるコンピュータを増やすことができますが、限界があります。レイヤ2スイッチが自分の知らないMACアドレスを自発的に学習しないことと、知らない宛先のMACアドレスのパケットを受信すると、全ポートに送出するという動作が致命的です。そこで、レイヤ3の概念が生まれました。

　レイヤ3は、次のような考えに基づいて設計されています。

- 1つのネットワークには、規則性を持ったアドレスを割り当てる
- どのネットワークでは、どんなIPアドレスの範囲が使われているかを管理する
- そのネットワークに到達するために、ネットワーク間でそのIPアドレスの範囲（経路情報）を互いに交換し合う

　レイヤ2では、好き勝手なアドレス（MACアドレス）がネットワーク上に存在し、どこにどんな端末があるかを予測できませんが、レイヤ3ではネットワーク上で利用するアドレスに規則性を持たせることで、どこからでもそのアドレスの場所を突き止めることができます。これこそが、膨大なIPアドレスが存在しても、一貫性を持ってネットワークを管理できるレイヤ3の魅力であり、自分の手の届く範囲でしかパケットを転送できないレイヤ2との決定的な違いなのです。

ルーティング

　TCP/IP階層モデルにおけるIP層など、レイヤ3におけるパケット転送に特化した機器をルータ（Router）と呼びます。

　ルータがパケットの宛先IPアドレスを読み取って、次のルータに転送することをルーティング（またはフォワーディング）といいます。「このルータの配下では、192.0.2.0/24（192.0.2.0〜192.0.2.255の256個の並んだIPアドレス）を利用する」など、ルータの配下でどのようなIPアドレスを利用するか、設計を行うのはネットワークエンジニアの仕事の一つです。

　ルータで利用するIPアドレスが決まれば、ルータの設定を行い、インタフェース（機器のポート）のIPアドレスを設定します。レイヤ2スイッチと違い、たいていルータのインタフェースは2〜8ポート程度しかついていません。したがって、ルータのポートにはスイッチを接続し、その配下にパソコンを接続します。

　デフォルトゲートウェイは必ず直属のルータのIPアドレスを設定します。これにより、自分の知らないネットワークへパケットを投げるときはデフォルトゲートウェイ（ルータ）にパケットを転送し、届けてもらいます。

経路交換

　ルータ同士は、自分たちの知り得るIPアドレスの範囲（経路）を交換することができます。ルータの管理者自身がどのルータの先にどのようなネットワークがあるか静的に設定することもでき、これを静的ルーティングと呼びます。一方、経路を自動的に交換することもできます。動的ルーティング（ダイナミックルーティング）と呼ばれ、RIPやOSPF、BGPなどの経路情報交換専用のルーティングプロトコルによって、経路を交換します。経路を交換することで、地理的にどんなに遠く離れていても、正しくパケットを届けることができるようになります。

レイヤ3スイッチ（ルータ） 8

ルータは、MACアドレステーブルのような宛先のIPアドレスと送出ポートの対応付けであるルーティングテーブルを保持し、そのテーブル情報を参照しながらパケットを送出します。

図2-8-1はルーティングテーブルの一例です。NEC製のIXシリーズルータで、「show ip route」とコマンドを叩くと現在のルーティングテーブルが表示されます。

図2-8-1 ルーティングテーブル

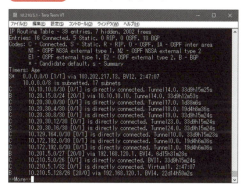

図2-8-2 レイヤ3スイッチとルータ

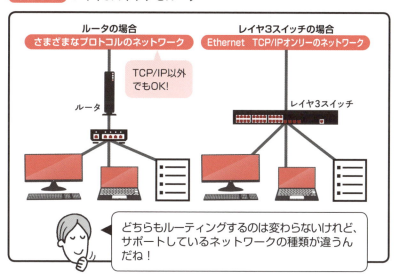

どちらもルーティングするのは変わらないけれど、サポートしているネットワークの種類が違うんだね！

レイヤ3スイッチとルータの違い

　レイヤ3スイッチとルータの両方とも、基本的にレイヤ3で動作するという点に違いはなく、動作は同じです（図2-8-2）。ルータもレイヤ3スイッチも、パケットを受け取ったら宛先のIPアドレスを見て、適切なポートへ送出します。

　レイヤ3スイッチは、一般的には12～48ポートと非常に多くの物理ポートを持っています。オフィスのパソコンやサーバを集約するなど、ポート数が多い利点を活かして、LANの中でパケットをルーティングさせる際に非常に役立ちます。

　また、多くのレイヤ3スイッチは設定を切り替えることで、単なるレイヤ2スイッチとして動作させることもでき、1台で2役を演じることも可能です。

　このように便利なレイヤ3スイッチですが、サポートしているプロトコルはEthernetとTCP/IPのみという弱点もあります。インターネットの世界では、Ethernet以外の通信方式を利用しているネットワークに出会うこともあります。そのようなプロトコルの違うネットワークとは相互接続できないため、レイヤ3スイッチはパソコンやサーバなど、Ethernet機器を大量に集約してルーティングする場面では最適といえます。

　一方、ルータは非常に多くのプロトコルをサポートしており、光伝送の標準であるSONET/SDH、MPLS/VPLS、Frame RelayやPPP、ATMなど機種によってサポートするプロトコルを選ぶことができます。日本国内の家庭向けインターネットサービスも、ISPとの接続はPPPoEと呼ばれるプロトコルを利用しています。私たちは普段意識しませんが、ブロードバンドルータはEthernet以外にもPPPoEプロトコルに対応しています。

　このように、インターネットや異なる通信方式のネットワークと接続する場合にはルータを利用するとよいでしょう。

2 トラフィックを適切に分散させる

9 ロードバランサ

ロードバランサとは

ロードバランサは、サーバなどのシステムに対するトラフィックを分散させ、処理のバランスを調整する役割を担います（図2-9-1）。大量のユーザが利用するシステムで導入され、サーバ1台あたりの処理性能が足りなくなった場合、横並びにサーバの台数を増やすことによってシステム全体の処理能力を向上させることができ、スケーラビリティ（拡張性）に優れたシステムを構築することが可能です。

図2-9-1 ロードバランサ

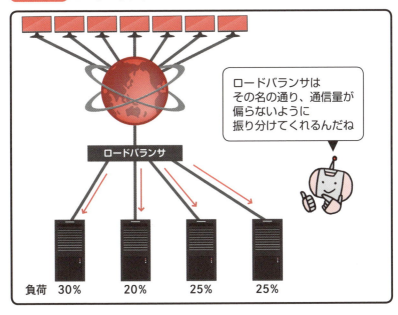

「サーバが壊れた場合にはどうなるの？」と疑問に思うかもしれませんが、問題ありません。ロードバランサの中には、トラフィックを分散させる対象のサーバの死活監視を行い、応答が異常だったり、応答がなかったりするサーバにはトラフィックを分散させず、正常なサーバのみにトラフィックを運ぶ機能を備えている機種も存在します。これにより、ロードバランサ配下のサーバをメンテナンスするときも、一時的に分散対象から外すことにより、システムに影響を及ぼすことなくサービスを継続することができます。

このように全体の一部が故障してもサービスを継続することができる指標をアベイラビリティ（可用性）と呼び、サービス提供時には必ず考慮する必要があります。

実際に導入する際には、サーバやアプリケーションの死活監視を行える製品か否かを検討事項に含めましょう。単にIPで疎通があるからといってトラフィックを転送しても、アプリケーションが正常に動いていないとまったく意味がなくなってしまいます。IPレベルの監視だけでなく、アプリケーションの監視の機能まで持ったロードバランサだと、なおよいでしょう。ロードバランサのベンダは、F5ネットワークス社のBIG-IPシリーズや、A10ネットワークス社のThunderシリーズが有名です。

ロードバランサの冗長化

提供サービスを冗長化するためにロードバランサを導入するのはよいのですが、ロードバランサはユーザからのトラフィックをすべてさばくため、ロードバランサ自体のダウンがシステム全体の障害に繋がります。こうした事態を防ぐため、通常は2台以上の複数台で冗長構成を組むのが一般的です。

ロードバランサは複数のサーバへ無闇にパケットを割り振っているのではなく、きちんとコネクション（送信元と宛先の組み合わせ）の管理を行っています。2台以上で構成する場合は、1台が故障したときに別の正常なロードバランサへすべての処理を引き継ぐ必要があります。この

ような動作をフェールオーバと呼びます。

　ロードバランサの機種によって、フェールオーバの性能も大きく左右され、導入時にはコストとパフォーマンスの比較により、システムのダウンタイムを目標レベルに落とし込む調整も必要です。

ロードバランサの機能

　複数のサーバへパケットの分散を行う方式にもいろいろあります。ここでは、もっとも利用されている2つの方式を紹介します。

ラウンドロビン方式

　ラウンドロビン方式は、すべてのサーバに対して均等にパケットを転送します。3台のサーバがあった時、1つ目のパケットはサーバ1へ、2つ目のパケットはサーバ2へとパケットを順番に転送し、分散の割合は必ず1:1:1となります。

リーストコネクション方式

　リーストコネクション方式はコネクション数がもっとも少ないサーバにパケットを転送します。図2-9-2では、サーバ4のコネクション数が4ともっとも少ないため、ユーザからのパケットはサーバ4へ転送されます。

　負荷分散の考え方はいたって単純ですが、ロードバランサを利用するときに考慮しなければいけないのは、パーシステンスと呼ばれる機能です。これはWebアプリケーションなど、ユーザに対する処理のトランザクションの整合性を取るために、ユーザからのWebアクセスを、必ず1つのサーバに割り振り続ける仕組みです。

　たとえば、ショッピングサイトなど、ログインを必要とするサービスでは必ず必要です。これがない状態でページ遷移をするとショッピングカートの中身が空になったり、処理に不整合が生じたりしてしまいます。Webサービスで利用されるパーシステンスにおいては、ロードバランサはCookie情報を基にして割り振るサーバを決定することが一般的です。

図2-9-2 リーストコネクション方式の転送方法

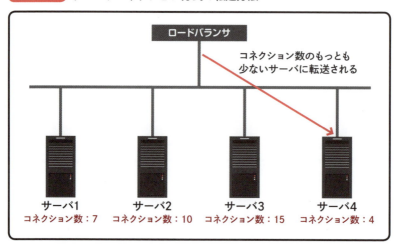

　パーシステンス以外にも、TCPのパケットなどクライアントとサーバが1:1でセッションを確立する通信などは、構成によってはラウンドロビン方式で利用すると毎回応答するIPアドレスが異なり、通信はまったく成立しません。
　このように、TCP/IP特有の負荷を分散したときに通信異常が顕著になることもあるため、ロードバランサではどのような機能を利用するか、負荷分散アルゴリズムはどうするか、IPアドレスの利用方法はどうするかなど、システムの要求事項と突き合わせた事前の設計が非常に大切です。

2 危険なパケットを遮断する

10 ファイアウォール

ファイアウォールとは

　ファイアウォールとは、ネットワーク上を流れるパケットを管理者が設定したルールに基づいて監視し、通過や破棄を決定するものです。ファイアウォールには2種類存在し、1つはパソコンやスマートフォンなど、端末にインストールするソフトウェア型のもので、これをパーソナルファイアウォールと呼びます。

　もう一つは、ルータやスイッチのようにハードウェア型のファイアウォールです。本節では、このハードウェア型ファイアウォールについて見ていきましょう。

ファイアウォールの役割

　ハードウェア型のファイアウォールは、インターネットと社内ネットワークの境界に設置されます（図2-10-1）。インターネットは信頼できないネットワーク、社内ネットワークは信頼できるネットワークとし、これらの間の通信を制御することから境界防御とも呼びます。社内ネットワークなどのネットワークを構築する際には、信頼できないネットワークに向けてどのような通信を許可するかを考え、適切にフィルタリングルールをファイアウォールに設定することも、ネットワークエンジニアの仕事です。

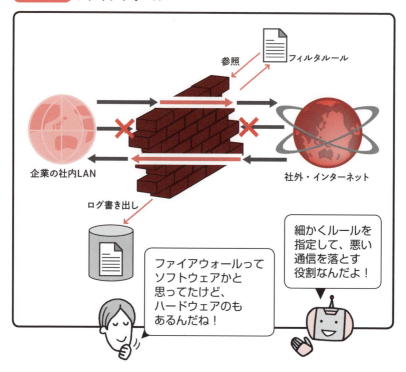

図2-10-1 ファイアウォール

ファイアウォールによるセキュリティ

　ハードウェア型のファイアウォールにも、次のような2つのタイプがあります。

パケットフィルタリング型

　パケットのIPアドレス、ポート番号を読み取り、フィルタリングルールに基づき通信の可否を決定します。外部から内部ネットワークに向けた攻撃パケットを落としたり、内部から外部に向けた許可されていない通信を落としたりすることができます。レイヤ3〜4に属するファイアウォールです。

アプリケーションゲートウェイ型

通信を中継するプロキシを利用する方式です。Webの通信であればHTTPプロキシなど、通信に応じたプロキシが必要ですが、アプリケーションデータの内容まで見ることができるため、より詳細にパケットを検査することができます。

ファイアウォールがあれば万全？

残念ながら、ファイアウォールを導入すればセキュリティが万全というわけではありません。最近は標的型攻撃と呼ばれる、いかにもまともそうなメールにマルウェア感染したファイルを添付させ、受信者が開くと内部から感染していくような攻撃が流行っています。

ファイアウォールのベンダも、マルウェアの検体を集めて不正な通信パターンの研究を行っています。通信パターンが判明すれば、ベンダが自社製品利用者に対してセキュリティパッチやパターンファイルを提供して、新たな攻撃にも耐えられるように努力を続けています。ただし、クラッキングの手法も急速に進化しており、セキュリティ技術者とクラッカーとのイタチごっこが続いているのも現状です。

そこで、単にパケットをフィルタリングするだけでなくアプリケーションデータまでを判別し、レイヤ3〜7まで複合的な要素を加味してパケットを検査できるようなファイアウォールも出てきました。製品によってはWindows UpdateやDropboxといったアプリケーション名までも判定することができます。また、標的型攻撃にも対応するファイアウォールもあり、ネットワークエンジニアに求められるセキュリティ技術の水準も上がり続けています。

2 ほかのネットワークへとデータを運ぶ

11 バックボーンネットワークの構成

バックボーンとは

　ネットワークを構築・運用するにあたって、バックボーン構成の理解は欠かせません。バックボーンは基幹ネットワークとも呼ばれ、どんなネットワークもほかのネットワークと通信を行うためにそれぞれの通信回線を保持しています。

　ISP（Internet Service Provider）など、インターネットを構成するネットワークをAS（Autonomous System：自律システム）と呼び、インターネットはこれらASが相互に接続された巨大なコンピュータネットワークなのです。

　インターネットを利用する際、目的のWebサイトを閲覧するまでにパケットはさまざまなASのネットワークを通過しています。バックボーンは、利用者のパケットを絶え間なく運び続けるために厳しい要求事項を基に設計を行います。落ちないネットワークを作るために、ネットワークエンジニアの腕が試されます。

3層構成ネットワーク

　ネットワークは、おおよそ3層に分けて考えられます（図2-11-1）。プロトコル同様、ネットワーク構築も各層に機能や役割を持たせ、責任分界点を明確にして一貫したポリシーで運用できるようにします。また、適度に階層構造化されたシステムは原因の切り分けも容易になり、保守性の高いネットワークを実現できます。

バックボーンネットワークの構成 11

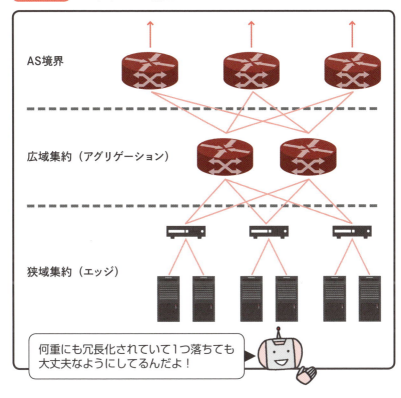

図2-11-1 バックボーンの構成

オフィスのLANであれば従業員のパソコンやIP電話機、データセンタであればサーバを直接収容するネットワークをエッジネットワーク（またはアクセスネットワーク）と呼びます。オフィスのデスクの島ごとやデータセンタのラック1本ごとなど、大量の端末を狭域集約する役割を持ち、上流のネットワークへ転送します。

エッジネットワークをさらに集約するネットワークをアグリゲーションネットワーク（またはディストリビューションネットワーク）と呼びます。アグリゲーションネットワークは、オフィスやデータセンタ1フロア分のエッジネットワークを集約するくらいの規模で、冗長性をもたせるために複数のデータセンタにまたがる構成がよくあります。まとめるネットワークの規模は、配下に収容している端末のトラフィック量と

構成する機器の性能を比較して、安定し、かつ余裕のある収容率を持ってネットワークを設計します。

　また、ほかのネットワークとの接続を担い、境界となる層をコアネットワークと呼びます。すべてのトラフィックを受ける層なので、ほかの層とは異なり、比較的高価な機器が利用されます。規模にもよりますが、大きな通信事業者の場合だと人間の身長ほどもあるルータが利用されることもあり、バックボーンにおいてもっとも重要な層です。

　オフィスのLANだと、他拠点へのWAN回線やインターネットへの回線が収容され、データセンタだとほかのASへの接続回線が収容されます。他のASへ接続する場合、関東であれば東京の大手町、関西であれば大阪の堂島に通信事業者が密集した地域があり、通常はそこでラックを借りて自社設備を設置して接続します。

バックボーンの現実

　バックボーンも、規模によってさまざまな構成が考えられ、決まった形はありません。比較的小さなネットワークだと、ディストリビューション層とコア層を一緒にする場合もあります。バックボーンを設計するにあたって、考えるべき内容は大きく次の3つに分類されます。

- **拡張性・可用性・保守性**
- **コストパフォーマンス**
- **トラフィックの特性**

　メンテナンスなど構築後の運用体制として考えるべき項目は、拡張性、可用性、保守性の3つです。トラフィックが多くなると、いずれは回線容量や性能の不足が生じます。あとから設備の増強追加をしやすい体制は、設計段階で考える必要があります。

　また、サーバやルータ、スイッチもいつか必ず故障します。機器が故障することを前提に、一部の故障がネットワーク全体のダウンを引き起

こさないよう、迂回路を用意したり、同じ機器を2台用意したりなど、冗長化を行います。機種によっては、故障時に通電状態で故障部位のみ部品交換を行うことができるものも存在します。通電状態で部品交換ができることをホットスワップと呼び、電源ユニット、冷却ファンなどが人の手で抜き差しできるように設計されています。このような機器を採用すれば、保守性が高まるだけでなく、故障後も復旧スピードが向上します。

　バックボーンの設計では、技術面よりもコスト面で悩まされることがしばしばあります。お金をかければ、高性能な機器を購入することができますが、バックボーンの費用は提供するサービス原価に全て反映されてしまいます。サービスの提供価格とバックボーンの設備投資はトレードオフの関係にあり、提供したいサービス価格に合うよう、適切な設備投資を行うことが必要です。

「南北トラフィック」と「東西トラフィック」

　ネットワークのトラフィック特性には、大きく分けて「南北トラフィック」と「東西トラフィック」の2つが存在します。南北と東西は、トラフィックが流れる方向を示しており、南北トラフィックは端末がインターネットなどと通信する上下通信、東西トラフィックはエッジネットワーク端末同士の通信を指します。

　南北トラフィックにも吸い込み（下り）特性、吐き出し（上り）特性があり、ISPなどはユーザがインターネットに向けてアクセスする側のため、動画や画像データなどの吸い込みトラフィックが多いという特徴があります。一方、サービスを提供するサーバを運用しているASはアクセスされる側のため、吐き出しトラフィックが多くなります。バックボーンの運用では、回線原価も考えて適切な回線に適切な量を流すトラフィックエンジニアリングを行いますが、吐き出すトラフィックの方がコントロールしやすい傾向にあります。

　最近では分散コンピューティングやクラウドの流行を受けて、データ

センタ内での東西トラフィックが急増しています。代表的なのはソーシャルゲームのトラフィックで、ユーザデータのログ転送や解析基盤同士の通信が大量に発生し、東西トラフィック増大に繋がっています。

　今までには見られなかった、このようなトラフィックの特徴の発見もバックボーンを運用する上での面白さの1つです。また、トラフィックが増えたら適切にスケールアウトできるような設計も腕の見せどころでしょう。

> 2　パケットの経路選択に影響を与える

12 トランジットとピア

「ASを構成する」とは

　トランジットとピアは、インターネットを構成する上で非常に重要な役割を果たしますが、その前にASについて触れておきます。

　ASにはAS番号が割り当てられ、IPアドレスと同様、IANAをトップとした階層構造で各地域のネットワークインフォメーションセンターが割り当てを管理しています。日本は、JPNICが管理を担当しています。

　ASを構成するということは、ほかのASと相互接続してインターネットを構成するネットワークの一部になることを意味します。つまり、ASは自分たち独自のルールを持って、どんなパケットをどこにどのように配送するか、どこから受け取るかをすべて制御します。また、パケット送受信は、複数のASと接続して拡張できる通信網を作ることにASを構成する意義があります。JPNICがAS番号を取得する場合に必要な条件を解説しているので、読んでみることをおすすめします。

> 参考URL **AS番号取得にあたって**
> https://www.nic.ad.jp/ja/ip/as-ref.html

図2-12-1　トランジットとピア

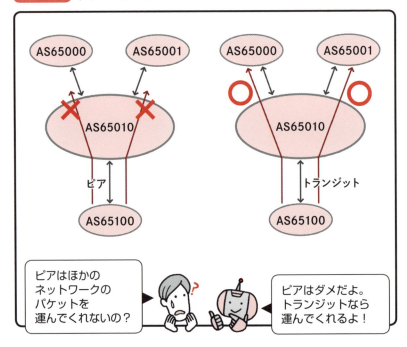

　ピアとは、お互いのネットワーク間だけのパケット交換を許す、AS同士の取り決めのことです（図2-12-1）。AS同士はBGPと呼ばれるプロトコルでIPアドレスの経路交換を行います。通常、ASは必ずIPアドレスをブロックで保持しており、ピア同士では、自分のASで保持しているIPアドレスブロックをBGPで経路交換します。

　ピアAS同士は対等な関係にあり、通常は無償で行われます。各ASは、ピアリングに関する窓口を設けており、どこのデータセンタや地域でピアリングできるなどの情報も公開しているところが増えています。もっとも有名なサイトはPeering DBと呼ばれるサイトで、世界中のISPがピアに関する情報を公開しています。

参考URL **Peering DB**
https://www.peeringdb.com/

トランジット（Transit）

ピアと異なり、トランジットはすべてのASへのパケット交換を可能にしてくれます。トランジットは、パケットを自分のASを通してほかのASへ運んでくれる存在です。このトランジットASにパケットを投げると、インターネットすべての経路への到達性が確保されます。図2-12-1では、AS65010とAS65100がトランジットの関係にあります。

インターネットの全IPアドレス経路（2017年11月時点で約67万経路）を提供するトランジットは上流プロバイダとなり、接続の上下関係を形成します。対等関係での接続であるピアとは異なり、トランジットは自身のASではなく接続する下流のAS間トラフィックを運ぶので、その中継料金を下流ASから徴収する有償接続になります。

ピアリングの意義

ここで、ピアリングの意義について再考してみましょう。無料の接続と有料の接続には、それぞれどのような利点や欠点があるのでしょうか。主に考えられる軸は2つあります。

- **コスト**
- **品質のコントロール**

まずコストですが、トランジットでは全ネットワークへの到達性を提供する代わりに、接続料金を支払う必要が発生します。バックボーンの設備と同様、接続コストはサービスの提供原価に影響します。ASは、なるべくほかのASとピアリングを行い、トランジットに流すトラフィックをピアに向けて転送しようとします。

次に品質のコントロールですが、パケットをトランジットに流した場合、希望するASに到達するまでに最低でも1以上のASを通過します。パケットロスの可能性が高まり、これらの問題を解消するためにもピアリ

ングは非常に有効な策です。ピアは自らのASと直接接続され、希望するASと無料かつ最短距離で接続されるので、パケットロスの可能性が減ります。トランジットASの存在を含め、インターネットでの経路制御は、総合的に判断して最短距離ではなく、もっとも安い経路が選ばれることがしばしばあります。

2 プロバイダを階層に分ける

13 Tierの概念

Tier1プロバイダの存在

　日本国内でトランジットを顧客に卸している代表的な事業者として、IIJやKDDI、NTTコミュニケーションズが挙げられます。国内でASを運用している事業者は、トランジットASとしてこれらの事業者からサービスの提供を受けるのですが、これらのトランジットASのさらに上流はどうなっているのでしょうか。

　インターネットにおける最上位のプロバイダは、Tier1プロバイダと呼ばれます。彼らは世界中に自前のバックボーンを保持し、Tier1プロバイ

図2-13-1　インターネット　Tierの概念

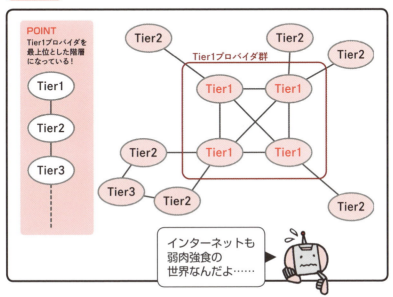

ダはTier1プロバイダ同士のピアリングだけでインターネットへの到達性を確保しています（図2-13-1）。Tier1プロバイダはインターネットの歴史的経緯から、大半が海外の事業者です。以下にTier1プロバイダの一部を挙げます。

- ベライゾン（アメリカ）
- AT&T（アメリカ）
- Level3（アメリカ）
- スプリント（アメリカ）
- オレンジ（フランス）
- NTTコミュニケーションズ（日本）

　日本のプロバイダは、NTTコミュニケーションズ以外は実質的にTier1プロバイダからトランジットを購入しているTier2以下の立場です。
　また、ASは基本的に複数のASと接続し、冗長性を担保するマルチホーム形態を取ります。トランジットも複数回線あるため、Tier1とTier2のプロバイダからそれぞれトランジットを購入することも珍しくありません。

ピアになるには

　トランジットASは、一方的にトラフィックが流入する不公平な関係です。そのため、「われわれのバックボーンでパケットを運んでやるので、料金を支払え」ということになります。これに対し、無料でパケットを相互に運ぶピアになるためには、両者にとって無償でトラフィックを交換することに価値を見いだせねばなりません。
　トラフィックの交換量が同等の場合は平等といえますし、双方に魅力的なコンテンツ（動画サイトのホスティング事業者など）があった場合も、ピアの条件になりうるかもしれません。
　どのような条件を揃えればピアになれるのかは、各ASのポリシーに完

全に依存します。ピアになるということはトランジットを提供しないため、利益を生みません。しかし、ピアになることにより低コストでトラフィックを運び、AS内のユーザの快適度を上げることができます。これらは相反する内容なのは明らかです。ASは独自のポリシーで管理されたネットワークであるとしたのは、このようなピアリングポリシーを含むトラフィックの制御にも大きく関わるからなのです。

2 AS同士を接続する

14 インターネットエクスチェンジ（IX）

IXとは

　エクスチェンジ（exchange）とはもともと「交換」を意味する英単語で、トラフィックを交換する集会場のようなものです。インターネットエクスチェンジは、そのままIXと表現されたり、NAP（Network Access Point）と呼ばれたりします（図2-14-1）。

　ほかのASと相互接続するとき、直接通信ケーブルで接続することもあ

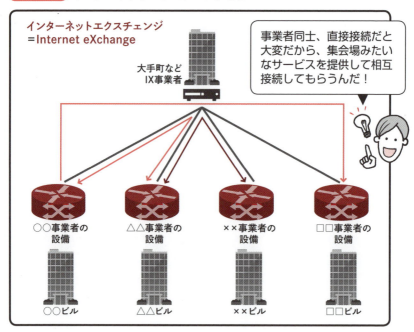

図2-14-1　インターネットエクスチェンジとは

りますが、地理的に離れている場合もあり、すべてのASと通信ケーブルで直接接続することは効率的で管理しやすいとはいえません。

このような問題を解決するために、世界中にIX事業者が存在します。日本で代表的なIXはBBIX、JPIX、JPNAP、NSPIXP、Equinixです。

IXの利用形態

IXにはレイヤ2方式とレイヤ3方式がありますが、現在の主流はレイヤ2方式です。IX事業者は高性能なL2スイッチを用意し、各事業者がそのL2スイッチに接続して事業者間でピアリングやトラフィック交換の場を提供します（図2-14-2）。

地方のASでも近所のIXに足を出せば、いろいろなASとトラフィックの交換ができるという利便性の恩恵を受けることができます。一般的にトランジット契約ではトラフィック量に伴う課金が発生しますが、IXはIXに接続するインタフェース速度（100Mbps〜100Gbps程度）に伴うポート課金を行っており、トラフィック量に対する課金はありません。

図2-14-2 インターネットエクスチェンジのメッシュ構造

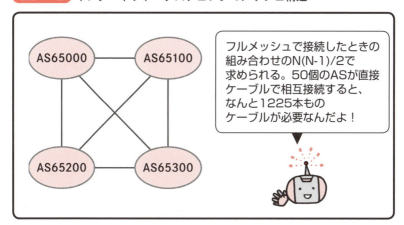

フルメッシュで接続したときの組み合わせのN(N-1)/2で求められる。50個のASが直接ケーブルで相互接続すると、なんと1225本ものケーブルが必要なんだよ！

2 インターネットにトンネルを掘る

15 VPN

VPNとは

　VPN（Virtual Private Network）とは、遠隔地にあるネットワーク同士を仮想的に接続して安全な通信を実現させる仕組みのことです。

　仮想的な接続とは一般的にトンネリングと呼ばれ、パケットがVPNを通ると、VPN機器のアドレスでさらにカプセル化されて次の機器まで転送されます（図2-15-1）。トンネリング技術はTCP/IPのヘッダより上はすべてデータに見えるという性質を活かした方法です。VPN区間のみ新しいヘッダでインターネット上で転送され、次の機器に到着すると非カプセル化されて新しいヘッダが外れ、元のパケットが宛先の端末に転送

図2-15-1　VPNで流れるパケット

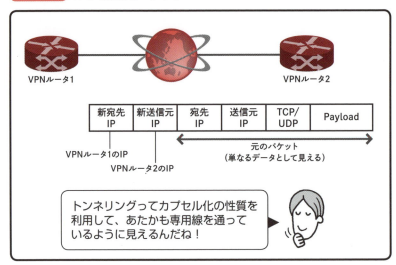

されるという仕組みです。

　VPNにもさまざまな種類があり、利用方法も異なります。インターネット上でデータが転送されるインターネットVPNと、回線事業者の閉域網を利用したIP-VPNの2つに大別されます。

　ネットワーク同士を接続する役割をはたすのはWANですが、専用線やWAN回線はインターネット回線に比べて高価です。コストを節約したい企業や、個人でも手軽にインターネット回線を用いて構築可能なLAN間接続して役立つのが、インターネットVPNの特徴です。IP-VPNはWAN回線として利用されることも多いため、ここではインターネットVPNに絞って見ていきます。

リモートアクセスVPN

　パソコンやモバイル端末を使って、自宅や出張先から携帯電話回線やインターネット経由でオフィスに接続するような形態をリモートアクセスVPNと呼びます（図2-15-2）。VPNの接続を受ける側にはVPNサーバやVPN機器を、接続するパソコン側にはVPNソフトウェアをインストールして利用するのが一般的です。インターネットを通るので、途中のパケットを盗み見られたり、改ざんされたりしないように暗号化と認証が必要で、IPsecやSSLが利用されます。もし、個人で外部から自宅のメディアサーバにアクセスできるような環境を作ってみたい場合は、SoftEther VPNを利用するとよいでしょう。RaspberryPiのような非力なコンピュータでもVPNサーバにすることができます。

参考URL **SoftEther VPN**
https://ja.softether.org/4-docs/2-howto/1.VPN_for_On-premise/2.Remote_Access_VPN_to_LAN

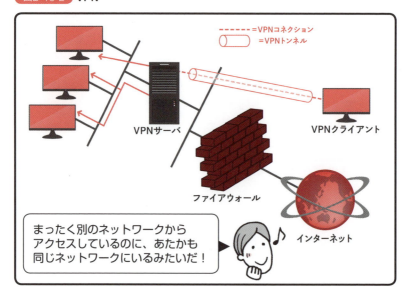

図2-15-2 VPN

拠点間接続VPN

　高価なWAN回線ではなく、インターネット上でトンネリング技術を活用したタイプです。リモートアクセスVPNは接続する側（パソコンやスマートフォン）と接続される側（VPNサーバ）の機器が異なります。一方、拠点間接続は移動しないことを前提とした常時接続であるため、機器はVPNに対応したルータやファイアウォールを対にして配置します。また、VPN区間はIPsecなどの暗号機能により改ざん検出や完全性の担保を行います。

2 パケットをループさせない

16 STP

STPとは

　STP（Spanning Tree Protocol）は、パケットが無限ループしないようにするためのレイヤ2技術です。

　2-7節で解説しましたが、レイヤ2スイッチはブロードキャストパケット（宛先のMACアドレスがFF:FF:FF:FF:FF:FF）、またはMACアドレステーブルで非学習のパケットを受け取ると、フラッディングします。もし、ネットワークを冗長化するためにスイッチがループ状になるように接続していた場合にフラッディングするとどうなるでしょうか。もちろん、フラッディングされたパケットを受け取ったスイッチはさらにフラッディングを繰り返し、パケットが無限にループし続けて、帯域を完全に食い尽くしてしまいます。これをブロードキャストストームと呼び、ネットワークのダウンに繋がる障害です。

ループしない仕組み

　ループしない仕組みには、パケットを送受信しないポートが必要です。STPは、STP対応スイッチ同士でBPDU（Bridge Protocol Data Unit）と呼ばれるパケットを交換し、ループ状になっているネットワークをツリー状にしてループを解消します。BPDUを受け取ったスイッチはこれらの値を複合的に計算し、ループを構成するスイッチの中から最終的にどこか1つのポートがブロックポートとして指定され、パケットを送受信しないポートが生まれます。

図2-16-1　STPを実現する

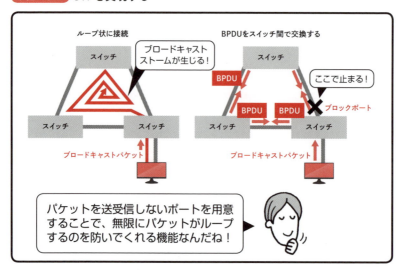

　BPDUは一定間隔（数秒程度）で送信され続けており、すべてのスイッチはこのパケットの受信によって正常性を確認しています。万一、パケットを一定時間内に受信できなかった場合には障害と判断し、ツリーの再計算を行い、ブロックポートの再決定を行います。

2 IPアドレスを複数機器で共有する

17 NAPT

NAPTとは

　NAPT（Network Address Port Translation）は、ルータにおいて1つのIPアドレスを複数の端末が共有するためのアドレス変換の仕組みです。インターネット利用時にもっともよく利用されます。インターネットとローカルネットワークとの境界になるルータでは、プライベートIPアドレスが付与されたパソコンがインターネットと通信する際、送信元IPアドレスがルータに割り当てられたグローバルIPアドレスに変換されます。これがNAPTです。

アドレス変換

　パケットがNAPTルータを通ったとき、送信元IPアドレスと送信元ポート番号がルータ出口側のインターフェースのIPアドレスと別ポート番号に置き換えられます。また、NAPTが動作しているルータは戻ってきたパケットを正しく配下のパソコンに返送するため、内部に変換テーブルを保持しています。アドレス変換テーブルは以下の要素で構成されています。

内部IP＋ポート番号

　　NAPTルータ配下にある端末の送信元IPアドレスと、送信元ポート番号の組み合わせ

図2-17-1 NAPTの仕組み

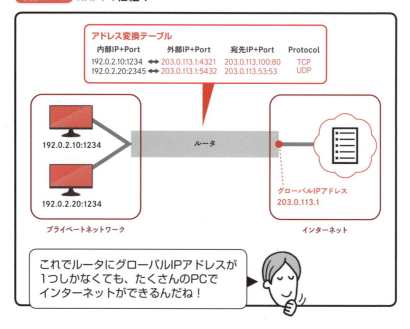

外部IP＋ポート番号

アドレス変換後の（ルータに付与されている）送信元IPアドレスと、変換後のポート番号の組み合わせ

宛先IP＋ポート番号

配下の端末が通信する宛先のIPアドレスとポート番号の組み合わせ

プロトコル

利用されているトランスポート層のプロトコル

パケットがNAPTルータを超えるとき、新たにテーブルが生成され、この4つの組み合わせで戻ってきたパケットはどのIPアドレスに返せばよいかを判断することができます。

ポート番号の利用

　NAPTは、IPアドレスとポート番号の組み合わせによって、多数の端末が1つのIPアドレスで正しく通信できる仕組みを提供しています。ただし、NAPTも1つのIPアドレスを無限に共用できるわけではありません。

　レイヤ4ヘッダのポート番号は0〜65535の範囲に定められており、どんなに多くても65536台以上の端末のアドレスを変換することはできません。最近ではGoogle Mapのように、TCPのセッションを多数利用して高速な読み込みを行うことができるサービスも多くあり、これらは平均で100本ほどのセッションを利用します。すると、数百台程度でポート番号を使い尽くしてしまい、変換に使うポート番号が空いていない状態（セッションあふれ）に陥ってしまいます。

　オフィスのインターネット環境も、よほど大きなネットワークでない限り、ほぼ1つのIPアドレスをNAPT構成で共用するので、NAPTネットワークを設計する際は、配下の端末数に応じて必要なIPアドレスの数や、セッションあふれを起こさないような設計を行う必要があります。

2 デフォルトゲートウェイを冗長化する

18 VRRP

ゲートウェイを冗長化する

　VRRP(Virtual Router Redundant Protocol)は、デフォルトゲートウェイを2台以上で冗長化するためのプロトコルで、ルータで利用される技術です。利用頻度の高い技術ですので、しっかり理解しておきましょう。

　通常、端末のデフォルトゲートウェイは1つしか指定できません。もし、そのゲートウェイが故障してしまった場合は配下の通信がすべてストップしてしまいます。しかし、冗長構成だと別の待機系に処理が引き継がれ、少しのパケットロス程度で通信を回復させることができます。

図2-18-1 身近なネットワーク技術VRRP

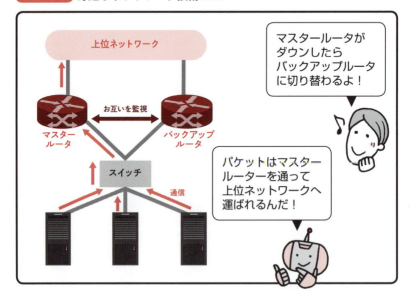

VRRPは2台以上のルータで構成され、通常時にパケットの転送を担うのがマスタールータ、そのほかの待機系ルータをバックアップルータと呼びます。各ルータ間では常に死活監視を行っており、マスタールータから応答がなかったら、バックアップルータの1つがマスタールータへ昇格して処理を引き継ぐような構成になっています。

VRRPを構成する場合、各々のルータに最低限、以下のようなパラメータを設定します。

VRRPプライオリティ

VRRPグループ中で一番値の高いものがマスタールータ、それ以外はバックアップルータとなります。マスタールータがダウンすると、次に値の高いバックアップルータがマスターに昇格します。

仮想IPアドレス

VRRPルータ全体で共有するデフォルトゲートウェイのIPアドレスです。これを端末に設定することで、常にマスタールータがデフォルトゲートウェイとしてパケットを転送してくれます。

VRRPの弱点

VRRPの弱点は、回線をすべて活用できず、使用されない回線が発生することです。パケットの転送は常にマスタールータが行っており、そのほかのバックアップルータは本当に待機しているだけで、一切のパケット転送を行いません。

これを克服するためか、Cisco Systemsはゲートウェイの冗長化に加えて均等にパケットを転送し、回線の無駄を抑えたGLBP（Gateway Load Balancing Protocol）を独自に開発しました。これはCisco独自のプロトコルになっており、同社のルータで利用することができます。VRRPを利用したネットワークを構築する場合は、無駄なく回線を利用するネットワークの設計が重要です。

2 専用線、ダークファイバ、PON

19 回線サービス

3種類の回線サービス

　銀行などが利用する専用線や、数十km程度までの比較的短距離の利用に向く安価なダークファイバ、家庭向け光ファイバの鉄板構成であるPON（Passive Optical Network）など、通信事業者の回線サービスは多岐にわたります（図2-19-1）。

　ネットワークエンジニアが遠隔地を結ぶ回線を選定するときは、品質やコスト、さらには回線敷設ルートの冗長化を考慮する必要があります。たとえば、2011年3月に東日本大震災が発生したとき、太平洋側の海底ケーブルが大きな被害を受けました。このような場合に、日本海側ルー

図2-19-1　回線サービス

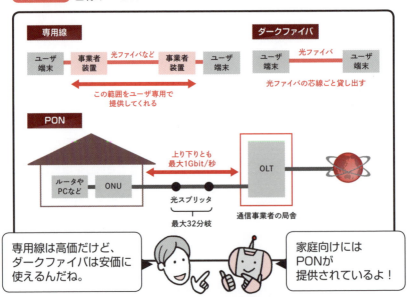

トや陸上ルートの別の経路で回線を冗長化していれば、どこかのケーブルが仮に被害を受けたとしても通信へのダメージは最小限に抑えることができるのです。

以下に3種類の代表的な回線サービスを紹介します。

専用線

　契約者が通信路を独占して利用できるサービスです。敷設したキャリアが専用線サービスを行っており、指定した区間の通信路を確保、運用、監視してくれるため、利用者の手間がかからず、緊急時の対応もしっかりしている信頼性の高いサービスです。利用者は、両端に設置されたキャリアの機器（伝送装置）に、自分たちのネットワーク機器を接続します。提供区間は小規模から大規模まで様々で、日本国内向けから国際線までを専用線で提供している事業者も存在します。

　専用線は品質が高いと同時に価格も高価なので、利用シーンとして多いのは長距離（北海道〜東京間など）の大容量バックボーンへの採用です。回線メニューも1Mbps〜最大100Gbpsまで、必要なだけ帯域を確保できるサービスです（図2-19-2）。

図2-19-2　専用線の提供メニューの一例

ダークファイバ

　ダークファイバは、NTTなどの回線敷設事業者が敷設し、利用されていない光ファイバを指します。利用されていないため、光が通っておらず、「ダーク」と呼ばれます。

　NTT以外にも電力会社や鉄道会社（京王、東京メトロなど）も自社のインフラに沿ってダークファイバを敷設している事業者が存在します。回線は何千本と一気に敷設され、一般の電気通信事業者に向けて有料で開放されています（図2-19-3）。

　専用線と異なるのは、通信路の監視や品質が回線によって大きく違うという点です。割り当てられた回線の品質でそのネットワークの品質が決まってしまうため、引き込まれた後でしか品質が分からないダークファイバは、一種の賭けかもしれません。事業者によっては、数kmのダークファイバを借りたのに80km用の光伝送装置を使わないと届かないほど減衰するような回線もあります。

　しかし、専用線と比べて格段に安価で、かつ帯域が無制限（両端の機器次第で帯域を好きなように拡大できる）のがダークファイバの利点です。ダークファイバの価格は、NTTが接続料金を公開しています。各種料金に興味があれば、次のPDFファイルを参照してください。

> 参考URL **NTT接続料金**
> https://www.ntt-east.co.jp/databook/pdf/2015_09-02.pdf

図2-19-3　**回線サービス（ダークファイバ）**

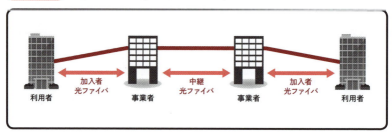

PON

　PON（Passive Optical Network）は、1本の光ファイバを最大32分岐して利用者でシェアするタイプの回線で、日本のインターネット接続（FTTH）の鉄板技術でもあります。通信事業者の局舎にはOLTと呼ばれる通信装置が設置され、そこから家庭まで地中や電柱を通って宅内まで分岐されながら配線されます。

　Passive Opticalという名前がついているのは、光ファイバを分岐する光スプリッタが受動部品（電源を必要としない部品）を利用しているためです。

　フレッツ光でも採用している、1GbpsでEthernetフレームをそのまま転送するGE-PON、Ethernet以外にもATMのフレームなども混在できるG-PONなどPONにも複数タイプあり、それぞれ最高回線速度と通信方式の違いで区別されます。

2 まったく異なる2つの接続方法

20 回線交換とパケット交換

回線交換

　データや電話信号を遠隔地に届けるために、途中の機械はそれらを交換する動作を行います。L2スイッチやルータはパケットを受信して最適な宛先へ転送し、電話であれば交換機により信号線の経路を確保します。
　電気通信のはじまりは電話で、この技術は回線交換方式の通信です。

図2-20-1　回線交換・パケット交換の違い

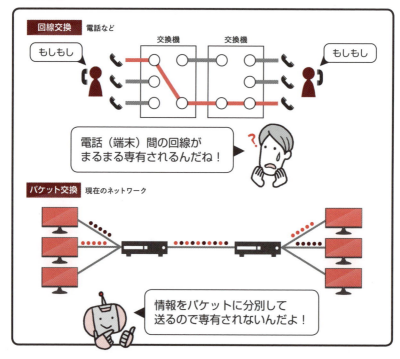

回線交換には、通信中はずっと回線が専有されるという特徴があります（図2-20-1）。メリットはやはり接続品質や速度が保証されていることと、輻輳などが発生しにくいことです。電話なら安定した通話が可能で、緊急時（災害など）には消防や警察への優先通信の回線を必要数確保することも可能です。ただし、空き回線が不足すると接続できないなどの不自由さもあり、利用シーンを選ぶ通信方式です。

パケット交換

これに対し、前節まで解説してきた内容はすべてパケット交換方式です。パケットのようにデータを分割して送信することで、両者間を結ぶ回線が1本しかない場合でも共有することができます（図2-20-1）。パケット交換方式の性質上、ある端末からパケットが大量に流入して、回線の容量があふれてしまった場合、パケットはルータやL2スイッチで捨てられたり、パケットの到達順序が保証されなかったり、デメリットもあります。

これを克服するために、QoS（Quality of Service）と呼ばれる技術があり、パケットに優先度をつけて取り扱うことができます。たとえば、IP電話（音声通信）の優先度を50、ビデオの優先度を30、そのほかのパケットを20という優先度で設定すると、帯域の半分は音声通話用に確保されます。最近はビデオ会議などのシステム導入をする会社も増えてきたので、社内ネットワークの設計でもQoSは重視される傾向にあります。

2 4つのEPC機器で支えられる

21 モバイル通信

4G/LTE時代のデータ通信を支えるEPCネットワーク

　EPCとはEvolved Packet Coreの略で、LTE（第3.9世代）や4G（第4世代／4th Generation）の通信で利用される機器群の総称です。図2-21-1にEPC機器群の構成を示しました。音声通話は別の機器や網が専用で用意されており、非常に難解なので、ここではデータ通信に限って解説します。

　普段携帯電話でWebページを見るとき、主にこの4つのEPC機器がみなさんのデータ通信を支えています。どのネットワークにもいえますが、通信には制御通信と実通信の2種類が存在します。制御通信はControl

図2-21-1 通信サービス　モバイル通信

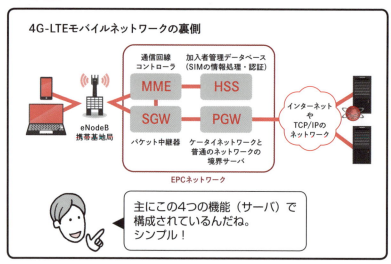

Plane（C-Plane）と呼ばれ、機器間の制御を行うための通信を指し、ユーザからの指示によるものではありません。一方、実通信はUser Plane（U-Plane）と呼ばれ、Webページへのアクセスパケットなどにあたります。

このEPCのネットワークでは、C-PlaneとU-Planeを制御する装置をアーキテクチャレベルで分離し、増えていくU-Plane（利用者）のトラフィックをスケールアウトしてさばけるような設計になっています。

次に、各機器がどんな機能を担っているかを解説します。

HSS（Home Subscriber Server、加入者管理データベース）

加入者（契約者）の管理データベースで、SIMカードの情報などが入っています。このデータベースで認証を行い、その結果をMMEに通知することで携帯網への接続の許可・拒否をコントロールします。次に解説するMMEとの接続でベースとなるのは、OSI参照モデル第4層に相当するSCTPと呼ばれるプロトコルと、Diameterと呼ばれる認証プロトコルが利用されています。あまり知られていないSCTPも、TCPやUDPの仲間なので、ぜひこの機会に覚えてください。

MME（Mobility Management Entity、通信回線コントローラ、C-Plane）

携帯電話基地局を収容し、端末がどの基地局に繋がっているかを管理する位置登録や、移動時に接続基地局を変更するハンドオーバなどの処理を行います。認証情報をHSSから受け取り、携帯網への接続可否を決定することも大切な役割の1つです。

緊急速報で利用されるETWS（Earthquake and Tsunami Warning System）も、メッセージの配信サーバがMMEに接続されており、サーバからメッセージを送ることで基地局から一斉に端末へ報知されます。

PGW（Packet datanetwork GateWay、境界パケット交換機、U-Plane）

端末にIPアドレスやDNSサーバなどの情報を割り当てる役割を果た

します。また、携帯電話ネットワークと、通常のIPネットワーク（インターネットなど）との境界にある機器で、次に解説するSGWから転送されてきた端末のパケットを、ルータのように正しく転送します。

SGW（Serving GateWay、パケット中継機、U-Plane）

基地局を収容し、MMEからの制御メッセージや端末に設定されたAPNに基づいてデータの制御をしたり、適切なPGWに向けてパケットを転送したりします。格安SIMなどを利用する際、携帯電話にAPNを設定する機会がありますが、あのAPNはどのPGWへパケットを転送するか決めるための重要なパラメータなのです。

ここでは主な4装置について解説しました。このほかにも、課金や帯域制御の装置としてPCRFと呼ばれる装置なども存在します。ぜひ機器の名前で検索して、さらに情報を収集してみてください。

Chapter

運用編

サービスを運用するには、何が必要でしょうか。本章ではWebサービスを例に考えていきます。

3 サービスを安定して提供する

1 運用とは

運用とは何か

　サービスを提供するためにはサーバが必要であり、継続的にサービスを提供するにはサーバや、その上で稼働するアプリケーションの面倒を見る運用という業務が発生します。サーバを構築してアプリケーションをインストールしたら、ずっと動き続けるのであれば何も心配ないのですが、実際には放置して勝手に動き続けることはありません。

　たとえば、サービスが成長すれば、サーバの負荷が上がり、処理しきれなくなることもあります。ユーザからの要求に応えるため、アプリケーションに追加機能を実装し、本番環境に反映させることがあるかもしれません。

図3-1-1　**運用で考えるべきこと**

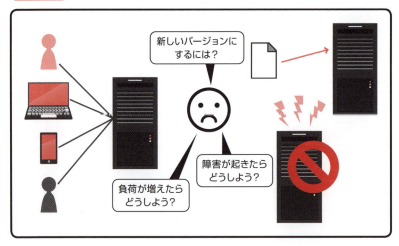

長期間運用していれば、サーバが壊れることもあります。サーバが壊れるまで放置するわけにはいかず、ハードディスクが壊れても顧客のデータは失われないようにする必要があります。バックアップを取っておけば、意図しないデータの削除や変更が発生しても復元できます。しかし、バックアップの頻度はどうすればよいのでしょうか。何世代前まで残しておけば十分なのでしょうか。

運用のことを考えずにサービスを本番導入し、あとからこういった問題に直面してしまい、場当たり的な対処を繰り返すと、確実に重大な事故が起きます。サービスの信用が低下し、サービスを提供する価値が失われてしまうかもしれません。継続的にユーザにサービスを提供するには、設計時にはもちろん、本番導入後も常に運用について考えておく必要があります（図3-1-1）。

運用は常に頭を悩ませる辛い作業ではなく、ベストプラクティスに則って、仕組み化さえできていれば心配はありません。自社でサービス開発も行っている場合、運用に必要な人的負荷を最小限に抑えることで、サービスの改善など本質的な仕事に集中できます。

3 4つのレベルに分けて考える
2 運用のレベル

運用のレベルを定義する

　運用の目標とは何でしょうか。計画的なメンテナンスなど意図したものを除き、サービスの価値が提供できなくなる事態を障害と呼びますが、障害は起きないに越したことはありません。しかし、現実問題として100%落ちないシステムを作ることは不可能です。100%に近づける努力はするものの、そこにリソースを割きすぎると運用にかかるコストがサービスが生み出す価値を上回ってしまい、サービスを提供する意味が失われてしまいます。公的な社会インフラシステムのようにただ利益だけを追求するわけではなく、社会のために提供するものは別かもしれませんが、サービス提供者の多くは営利企業であり、利益を出すために運用のレベルと折り合いをつけなければなりません。

図3-2-1 障害発生時の影響度

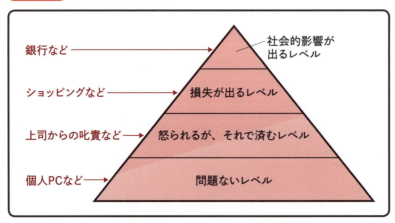

運用のレベル

障害発生時の影響度別に、運用のレベルは4つに分類できます。

問題ないレベル

開発中のサービスや個人が趣味で運用しているサービスをイメージするとよいでしょう。不安定なのが当たり前で、利用者は自分だけ、もしくは運用・開発関係者のみです。そもそも安定していることを期待していませんし、落ちてしまっても自分たちで復旧できます。

怒られるが、それで済むサービス

社内向けサービスや、所属する大学の研究室のサーバなどをイメージするとよいでしょう。ユーザは社内のみ、もしくは研究室内のみといったいわゆる「身内」だけです。そのため、障害が発生しても直ちに顧客や事業への影響は発生しません。運用担当者に落ち度があれば怒られるかもしれませんが、一定時間以内に復旧さえできれば「謝れば許される」というわけです。

損失が出るレベル

ここからは運用の重要性が一気に増します。障害が発生すると、主に金銭面で損失が発生します。たとえば、ショッピングサイトでユーザからのアクセス量に耐えきれず、サービスが提供できなくなってしまうと、その分の売上がなくなるので損失が出ます。もし障害の頻度が高いと、ユーザは「買い物をしたいときにできない、不安定なサービス」というイメージを持ってしまい、サービスから離れてしまいます。

社会的影響が出るレベル

もっとも重要なレベルです。障害が発生すれば、損失が出るのはもちろんですが、社会的影響が出ます。銀行や携帯電話の通信設備など、社会インフラの一部となっているサービスは、サービスの提供が不可能になると人々の生活に影響を及ぼします。

3 サービスを提供できないこと

3 障害

Webサービスの障害とは

前節で解説したように、運用のレベルは大きく4つに分けられますが、ほかにも意図せずに目標としているレベルの要件を満たせなくなると、障害が発生したことになります（図3-3-1）。

Webサービスの障害でわかりやすいのは、レスポンスが返ってこなくなったり、エラー画面が表示されたりするような場合です[※1]。

サービスの成長に伴うアクセス負荷の増大であれば、ある意味でうれしい悲鳴ということもできますが、悪意のある第三者によるDoS（Denial of Service）攻撃の可能性もあります。外的要因でもサービスが提供できていないことには変わりないので、これも障害だといえます。

サービスを運用する場合は、何をもってサービスの提供ができているのかを、きちんと定義しておく必要があります。

図3-3-1　いろいろな障害

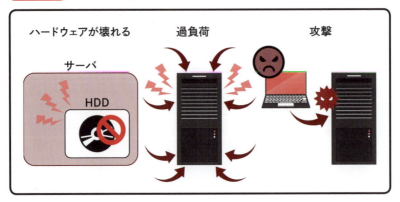

※1：投稿したはずの画像が表示されない、別のユーザからの返信が届かない、などといった場合も、ユーザはすぐには気づかないかもしれないが、障害といえる。

3 見積もりが最重要

4 運用設計で考えるべきこと

前提条件を考える

　運用設計をする上でもっとも大切なのは見積もりです。設計前に「対象とするユーザの数、アクセス量、ユーザはどれくらいのペースで増えるのか」「メンテナンスによるサービス停止は許容できるのか」などを検討し、対象とするサービスの規模や性質も考慮して見積もりを立てておくと、システムの構成やメンテナンスフローの設計がしやすくなります（図3-4-1）。

　見積もりができれば、サービスの要件に応じて規模を拡大したり、縮小したりできるかどうかを検討する必要があります。

図3-4-1 運用設計では多くのことを考えねばならない

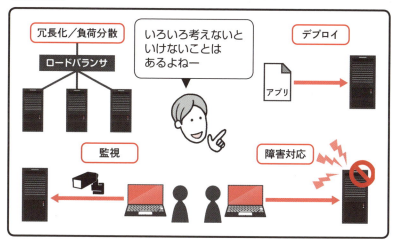

3-5 スケールアップとスケールアウト

どのようにサービスの性能を向上するか

スケールアップでは限界が来る

　サーバで稼働しているサービスの性能を上げる方法を考えてみましょう（図3-5-1）。ここでいう性能とは、1秒あたりに処理できるリクエスト数や、応答速度などを想像してください。一番簡単なのは、サーバ自体の性能を上げるスケールアップです[※1]。アプリケーションに手を入れることなく、性能の向上が見込めます。

　しかし、スケールアップには限界があります。手に入る限りの性能の高いパーツを集めてサーバを構成したとしても、将来的には一定以上の性能向上は見込めなくなってしまいます。また、コストパフォーマンスの面からも注意が必要で、現状と比較して「2倍の価格で2倍以上の性能向上が見込める」場合はよいのですが、最新モデルやハイエンドモデルでは「性能は2割向上するが、価格が2倍になる」といった場合もありま

図3-5-1　2つのサービスの性能アップ方法

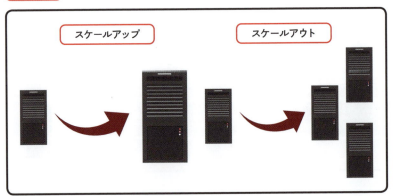

[※1]：動作周波数のより高いCPUを選択する、メモリを増設する、ネットワークインターフェイスをより高速なものにする、ディスクをHDDからSSDに交換する、といった対応が考えられる。

す。2割の性能向上のために2倍のお金を使うのであれば、むしろサーバを2台にして2倍の性能を手に入れたいと考えるかもしれません。これが、もうひとつの性能アップの方法である、スケールアウトです。

スケールアウトの注意点

　スケールアウトはサーバ1台あたりの性能は変えず、サーバの台数を増やすことによって処理を分担し、全体としての性能を向上させます。スケールアウトさせる場合は、サーバの台数を増やせば増やすほど性能の向上が見込めるので、理論上はスケールアップと異なり、性能の上限はありません。

　ただし、アプリケーションがスケールアウトできる設計になっているかに注意しなければなりません。たとえば、Webアプリケーションの場合、ユーザのログイン状態などをセッションとして管理します。サーバが1台のみの場合はサーバのメモリ上にセッションを保存しても問題ありません。一方、サーバが複数台で構成されている場合は、どのサーバでもユーザのログイン状態がわかるように、外部のストレージやキャッシュ装置を用いてセッションを複数台で共有できるようにしておかなければなりません。

　各サーバは状態（ステート）に依存しないので、「ステートレスな構成である」という言い方もします。なお、この逆は「ステートフル」といい、サーバ内に状態を保存しているので、スケールアウトは不可能です。

　もう一点、注意しておくべき点を挙げると、1台のサーバを10台にしたからといって10倍の性能が得られるとは限らないことです。オーバーヘッドが生じて、10倍未満の性能しか得られないことがあります。

スケールアップとスケールアウトを組み合わせる

　スケールアップとスケールアウトは相反する概念ではないので、組み合わせて使うことができます。

自前で物理サーバを管理するオンプレミス環境では特に、データセンタのラックのコストの観点から集約効率（物理的なスペースあたりにどれだけの性能が詰め込めるか）が問題になります。ラックコストとサーバコストのバランスを考えて、コストパフォーマンスのよいサイズのサーバにスケールアップしつつ、性能要件を満たせない部分はスケールアウトで対応する、といった設計が理想的です。

　また、クラウド環境でもアクセスの多い日中はスケールアウトして性能を強化しつつ、アクセスの少なくなる夜間はスケールイン[※2]すれば、コストを抑えることができます。クラウド環境ではサーバ1台あたりのサイズが大きすぎると、スケールインしたときに全体の性能が一気に下がってしまいます。調整がしやすいサイズにするとよいでしょう。

　スケールアウトのみが持つ特徴として、冗長性があります。サーバ1台ではそのサーバが壊れた際にサービスが提供できなくなってしまいます。複数台で構成されていればサーバが1台故障したとしても、残りのサーバが継続してサービスを提供できればサービスとしては問題は生じません。このような状態を「可用性が高い」といいます。

　サーバを10台利用して冗長構成にしていたとき、1台が故障してサービスアウトすれば10%の性能が失われるので、必要な性能を満たすために必要な台数よりも少し多めの台数をサービスに組み込んでおけば、数台サーバが故障しても即時に影響がない構成になります。

　いずれにせよ、可用性や将来性の観点から利用するアプリケーションを開発・選定する際は、スケールアウトが可能かが重要です。

> **Point!**
> ❶ スケールアップとは、サーバ単体の性能を向上させること。アプリケーション単体の性能向上を達成する
> ❷ スケールアウトとは、サーバ単体の性能は変えずに、サーバの台数を増やすこと。全体としてのアプリケーションの性能向上を達成する

※2：スケールアウトの逆で、サーバの台数を減らすこと。

3-6 Webアプリケーションのデプロイ

サービスを停止させず、安全にアップデートする

デプロイの手順

デプロイ（deploy）とは「配備する」「展開する」といった意味ですが、サービス運用の場面ではアプリケーションを利用可能な状態にすることを指し、「リリース」ということもあります。

Webアプリケーションであれば開発した新機能をすぐにユーザに届けられるように頻繁に改善をし、デプロイをしたいところです。しかし、アップデートのためのデプロイ作業で頻繁にサービスを停止させるのは好ましくありません。サービスは停止させずにデプロイをする必要があります。

ここでは「ローリングデプロイ」という手法を紹介します。すでに稼働しているWebサービスに対して、新しいバージョンのアプリケーションをデプロイする手順を紹介します（図3-6-1）。想定する構成は、ロードバランサの下に4台のWebサーバがぶら下がっていて、ロードバランサによって負荷分散がされています。

①サーバをロードバランサからはずす

デプロイ対象のサーバをロードバランサからはずします。ロードバランサの負荷分散の対象からはずれるので、サーバにはリクエストが来なくなります。

②アプリケーションを止める

リクエストが来なくなったことを確認したら、アプリケーションを停止します。リクエストは来ていないので、アプリケーションを停

図3-6-1 デプロイの6つの手順

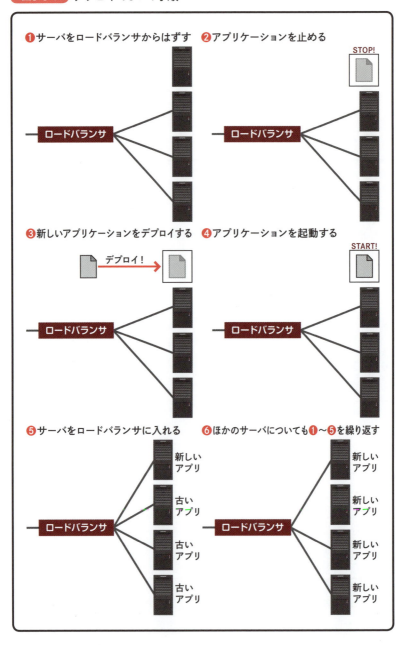

止させてもサービスへの影響はありません。

③新しいアプリケーションをデプロイする

アプリケーションの実行ファイルを新しいものに置き換えます。これで、アプリケーションは更新されました。

④アプリケーションを起動する

アプリケーションを起動すると、機能改善されたサービスを提供する準備が整います。ただし、まだリクエストは受けていません。

⑤サーバをロードバランサに入れる

ロードバランサからサーバにリクエストが来るようにします。これで新しいアプリケーションがリクエストを受け始めます。ただし、まだ更新されたのは1台だけです。

⑥ほかのサーバに①〜⑤をくりかえす

ほかのサーバについても順番に①〜⑤の手順をくりかえすことで、すべてのサーバで最新のアプリケーションが動き始めます。これで全サーバのデプロイが完了します。

以上のような手順を踏めば、サービスを停止させずにアプリケーションを更新することができます。転がすように順番にデプロイしていくことから、「ローリングデプロイ」という名前がついています。

注意すべき点としては、デプロイ中はひとつのサービスの中に新しいバージョンのアプリケーションと古いバージョンのアプリケーションが混在するということです。この点を考慮してアプリケーションを実装しておかなければ、意図しない障害を引き起こしてしまいます。特に、新機能の追加をするときに起こりやすいため、全サーバのデプロイが終わるまで新機能を無効化しておき、全サーバのデプロイが終わったタイミングで新機能を有効にするような仕組みを用意しておくと安全です。

カナリアリリースとは

　ローリングデプロイを利用した、カナリアリリース（Canary Release）という手法も紹介しておきます。

　デプロイの手順自体は変わりませんが、ローリングデプロイをする際に、すべてのサーバにデプロイせず、最初の数台、もしくは全体の数％にのみデプロイした状態でしばらく監視し、アプリケーションの負荷の傾向が急激に変化しないか、エラーが発生していないかを確かめます。

　異常が見つかればすぐにロールバック（以前のバージョンに戻すこと）し、異常がなければローリングデプロイを最後まで行います。本番環境にデプロイする前にテスト環境で十分な確認を行うことが前提ですが、カナリアリリースを採用することで、意図しない最新のアプリケーションに意図しない不具合が含まれていた場合の悪影響を最小限に留めつつ、できるだけ安全なデプロイを行うことができます。

　なお、カナリアリリースの名前は、カナリアは一酸化炭素やメタンといった毒ガスに敏感であるため、昔は炭鉱に連れて行き、異変をすぐに察知するために使われていたことからきています。

3 数値でサービスの品質を評価する

7 MTBFとMTTR、稼働率

サービスの安定性を数値で表す

サービスの安定性を定量的に評価するための指標として、稼働率が挙げられます。稼働率を求めるためには、MTBFとMTTRという値を知る必要があります。

MTBF（Mean Time Between Failures：平均故障間隔）は、平均して何時間に1度故障するのかという値です。もし平均して5日に1回故障が発生する場合、MTBFは120時間です。計算式は、以下のとおりです。

MTBF = 稼働時間の合計 / 故障した回数

次に、MTTR（Mean Time To Repair：平均修理時間）は、故障が発生した場合に平均して何時間で復旧ができるかという値です。故障の修復に平均3時間かかる場合、MTTRは3時間です。以下に計算式を示します。

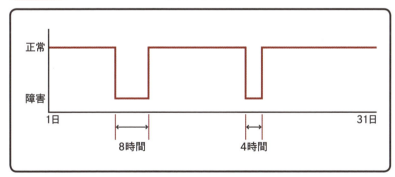

図3-7-1 あるシステムの1カ月間の稼働状況

MTTR = 修理にかかる時間の合計 / 故障した回数

あるシステムの1カ月間を例にMTBFとMTTRを計算してみましょう。図3-7-1のような稼働状況であったとします。

MTBF = (24時間 x 31日 - 8時間 - 4時間) / 2回 = 366時間
MTTR = (8時間 + 4時間) / 2回 = 6時間

MTBFとMTTRの2つが計算できれば、稼働率が求められます。稼働率は、以下の式で定義されます。

稼働率 = MTBF / (MTBF + MTTR)

上に挙げた例では、以下の計算式が適用され、約98.3%になります。

稼働率 = 366時間 / (366時間 + 6時間) = 0.983…

稼働率でSLAを定める

　稼働率を元にして、あるサービス提供事業者とサービスを利用する顧客の間にSLA（Service Level Agreement）という保証値を定義し、SLAを満たせなかった場合はサービス利用料金の返金など、なんらかの補償を行うという契約を結ぶこともあります。
　SLAが99.999%というサービスは1カ月あたりの故障時間が260秒以内であるということです。SLAの多くは稼働率が基になっていますが、稼働率以外にシステムの性能や応答時間を基にした指標をSLAの内容に含めていることもあるので、利用するサービスのSLAの内容や指標の測定方法をきちんと確認して、自分のサービスに求める要件に合っているかどうかを確かめるようにしましょう。

3 段階ごとに対応する

8 障害対応のフローの例

障害にはどの順番で対応するか

　ユーザから「Webアプリケーションのレスポンスが異常に遅い」という報告があって、障害が発覚した場合の障害対応のフローを考えてみましょう（図3-8-1）。

　「Webアプリケーションのレスポンスが遅い」という事象を聞いて、まず何をすべきでしょうか。「アクセス量が多いせいに違いない。とりあえずWebアプリケーションサーバをスケールアウトさせよう」と想像して、作業を始めてしまうのは危険です。

　実際に原因がWebアプリケーションサーバが性能不足でスケールアウ

図3-8-1　障害に備えて考えるべきこと

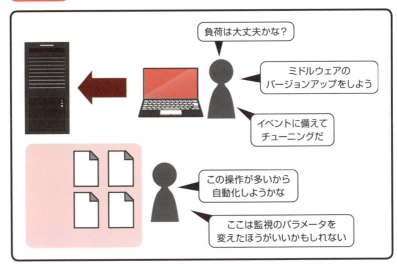

トして対処できるものであればよいのですが、今得られている情報だけでは、スケールアウトが正しい対処方法かどうかはわかりません。

　もしかすると、Webアプリケーションサーバではなく、データベースサーバの負荷が高くなり応答が遅くなっているかもしれませんし、ロードバランサの負荷が高くなっているのでロードバランサの増強が必要なのかもしれませんし、データセンタのネットワークの帯域が不足しているのかもしれません。あるいは、レスポンスが異常に遅いのは、問い合わせてきたユーザ固有の環境だけで、原因はユーザ側にあるかもしれません。

　以下に障害対応のために行った作業とその結果を順に挙げました。

①原因の切り分け

　まずは原因の切り分けが必要です。慌てて手当たり次第に対応をはじめてしまっては、二次災害を引き起こしかねません。監視システムで関連しそうな箇所のグラフやアラート、ログを確認し、異常がありそうな箇所を絞っていきましょう。

②問題箇所の特定

　各所のグラフを確認していったところ、どうやらデータベースサーバ（MySQL）のCPU使用率が異常に高いようです。Webアプリケーションサーバを増やしていたら、データベースサーバへの同時接続数が増えてしまい、より高負荷になっていたかもしれません。

③さらに問題箇所を探す

　では、データベースサーバをスケールアップ／スケールアウトすればよいでしょうか。CPU使用率が高い理由によっては、これも逆効果になりかねません。データベースサーバがボトルネックになっているということは、Webアプリケーションサーバがどのようなクエリを、どれくらい投げているのか確認する必要があります。

④原因を特定する

　Webアプリケーションサーバのリクエスト数は平常時と変わりません。そしてMySQLのスロークエリログ（応答が遅いクエリが記録される）を確認したところ、アプリケーションに新しく追加した機能が発行するクエリが不適切だったことがわかりました。これでようやく原因が突き止められました。

⑤問題箇所を修正する

　アプリケーションのロジックに改修を加えればデータベースサーバの高負荷は収まるのですが、改修にはしばらく時間がかかりそうです。幸い、読み取りしかしないクエリでしたので、MySQLのスレーブノードを追加することでスケールアウトができます。データベースサーバのスケールアウトで暫定的な対応をして、サービス復旧を優先することにします。

⑥根本的な問題の解決

　スレーブノードの追加により、無事サービスは復旧しました。しかし、以上の作業は応急処置であり、根本解決はまだできていないので、アプリケーションの実装を修正します。修正が完了次第リリースし、データベースサーバの負荷も落ち着いたのでスレーブノードの台数を元に戻し、恒久対応が完了します。

　このフローがすべてに当てはまるわけではありませんが、一般的には以下のような流れが基本になります。

障害の発覚
↓
原因の切り分け、特定
↓
対応方針の決定
↓
一次対応（応急処置）

↓

根本対応

↓

再発防止策の検討

障害対応中の心構え

　障害対応中は情報共有が大切です。ホワイトボードやチャットツールを効率的に活用して、ミスのない連携を図りましょう。

　障害はゼロにするのはとても難しいです。たとえ障害の原因が人為的なミスであったとしても、チームメンバを責めてはいけません。たまたまその人が引き起こしてしまっただけで、タイミングが悪ければ自分が引き起こしていた可能性もあります。

　なぜミスが起きてしまったのか話し合いやすいチームづくりが大切です。「十分注意するようにする」という対策はあまりよい対策とはいえません。「意図しない結果を引き起こす操作をできないようにする」「自動化する」など仕組みで解決するのが望ましいでしょう。

3 サーバを運用できる状態にする

9 プロビジョニング

プロビジョニングとは

　この節では、もう少し具体的な内容に掘り下げて紹介していきます。運用業務だけにいえることではありませんが、属人化はできるだけ避けなければなりません。特別な知識がなくても簡単に運用ができるようにしておけば、新しくチームに入った人でもすぐ運用業務を依頼できます。

　サーバをサービスに投入するために必要なパッケージを入れたり、設定をして構築したりすることをプロビジョニングといいます。構築手順書を作ってそのとおりに作業していくのもよいかもしれませんが、ミスの原因になりますし、同じものを100台用意しようと思うとそれだけで何日も作業に時間がかかってしまいます。同じ作業であれば、プロビジョニングツールを使って自動化してしまいたいものです。

　プロビジョニングツールを使うことによって得られるメリットとして、構築手順を自動化できるほかに冪等性（べきとうせい）を担保しやすくなるということが挙げられます。ここでいう冪等性とは、同じサーバに対してプロビジョニングを1回行っても複数回行っても、同じ状態が維持されるということです。たとえば、Webサーバがインストールされている環境に対して再度Webサーバをインストールしようとするとエラーが返ってきますが、冪等性が担保されていれば、インストールされていなければインストールをする、すでにインストールされていれば何もしない、といったことが簡単に実現できます。

　プロビジョニングツールは設定ファイルに記述されたWebサーバのバージョンを新しいものに変更して、構築済みのサーバに対してプロビジョニングをすれば、バージョンの差分を検知して新しいものがインス

トールされます。実際のサーバの状態が、設定ファイルで定義されたサーバの状態と、同じになるように必要な操作を行います。冪等性が担保されているおかげで構築前のサーバと構築後のサーバが混ざった環境でも気にせずに一斉にプロビジョニングしてしまえばサーバをすべて同じ状態に維持できます（図3-9-1）。

プロビジョニングを行うためのツールはAnsible、Chef、Itamaeなどがあります。ここではAnsibleを例に対象のサーバにWebサーバであるNginxをインストールし、カスタマイズしたhtmlファイルを設置するための方法を紹介します。雰囲気を掴んでもらうために概要のみ紹介します。Ansibleを使ってできることは多岐に渡りますので、詳細が気になる方は実際に使ってみてください。

今回のディレクトリ構成はコード3-9-1のようになっています。それぞれのファイルの内容を紹介します。

図3-9-1 プロビジョニングの例

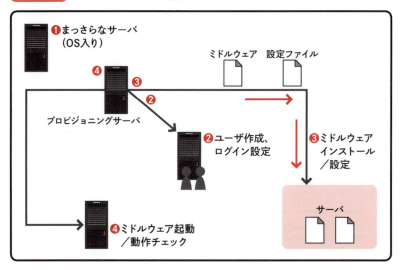

コード 3-9-1
```
ubuntu@ansible:~$ tree
.
├── hosts
├── roles
│   └── web
│       ├── tasks
│       │   └── main.yml
│       └── templates
│           └── index.html.j2
└── web.yml
```

どのサーバのグループに対して、どのような内容のプロビジョニングを行うのかを定義します。ここでは"web"というサーバのグループに対して、"web"という役割を持つ構成にするという意味です。

コード 3-9-2　web.yml
```
- hosts: web
  become: yes
  roles:
    - web
```

プロビジョニング対象のサーバのグループを定義します。ここには管理対象のサーバのIPアドレス、もしくはホスト名を記述します。今回は"web"というグループ名で2台のサーバのIPアドレスを記述しました。

コード 3-9-3　hosts
```
[web]
10.240.1.10
10.240.1.11
```

コード3-9-4のroles以下のディレクトリ名"web"が役割で、hostsファイルに記述した"[web]"と対応しています。ここのディレクトリ名が役割で、"web"という役割を定義しています。Nginxをインストールし、その後、index.html.j2というファイルをテンプレートにして、サーバの /var/

www/html/index.html にファイルを生成するという意味です。

コード 3-9-4　roles/web/tasks/main.yml
```
---
- name: install nginx
  apt: name=nginx
- name: copy index.html
  template: src=templates/index.html.j2 dest=/var/www/html/index.html mode=0644
```

コード3-9-4がテンプレートファイルです。これはNginxがレスポンスとして返すためのhtmlファイルですが、".j2"という拡張子が付いており、"{{}}"でくくった部分がAnsible内の変数の値で置換することができます。ここではサーバのホスト名で置換されるようにしました。

コード 3-9-5　index.html.j2
```
<html>
  <head>
    <title>Hello World</title>
  </head>
  <body>
    <h1>Hello World!</h1>
    <p>this server ( {{ inventory_hostname }} ) is managed by ansible.</p>
  </body>
</html>
```

実際にまだ何もインストールされていないサーバに対してプロビジョニングを実行してみました。実行結果は以下のとおりです。

コード 3-9-6
```
ubuntu@ansible:~$ ansible-playbook -i hosts web.yml

PLAY [web] **********************************************************
```

```
TASK [Gathering Facts] ************************************
*******************
ok: [10.240.1.10]
ok: [10.240.1.11]

TASK [web : install nginx] ********************************
*******************
changed: [10.240.1.11]
changed: [10.240.1.10]

TASK [web : copy index.html] ******************************
*******************
changed: [10.240.1.10]
changed: [10.240.1.11]

PLAY RECAP ************************************************
*******************
10.240.1.11                : ok=3    changed=2
unreachable=0    failed=0
10.240.1.10                : ok=3    changed=2
unreachable=0    failed=0
```

install nginxとcopy index.htmlがchangedとなっていることから、Nginxのインストールとファイルのコピーが行われたことがわかります。再度実行すると、以下のようになります。

コード 3-9-7

```
ubuntu@ansible:~$ ansible-playbook -i hosts web.yml

PLAY [web] ************************************************
*******************

TASK [Gathering Facts] ************************************
*******************
ok: [10.240.1.11]
ok: [10.240.1.10]
```

```
TASK [web : install nginx] ********************************
******************
ok: [10.240.1.10]
ok: [10.240.1.11]

TASK [web : copy index.html] ******************************
******************
ok: [10.240.1.10]
ok: [10.240.1.11]

PLAY RECAP ************************************************
******************
10.240.1.11                : ok=3    changed=0
unreachable=0    failed=0
10.240.1.10                : ok=3    changed=0
unreachable=0    failed=0
```

コード3-9-6とは違い、okと表示されているので、なにも変更は適用されずに終了したことがわかります。

index.html.j2の内容を書き換えて再度プロビジョニングしてみました。この場合はどうでしょうか。

コード 3-9-8

```
ubuntu@ansible:~$ ansible-playbook -i hosts web.yml

PLAY [web] ************************************************
******************

TASK [Gathering Facts] ************************************
******************
ok: [10.240.1.10]
ok: [10.240.1.11]

TASK [web : install nginx] ********************************
******************
ok: [10.240.1.10]
ok: [10.240.1.11]
```

```
TASK [web : copy index.html] *****************************
*******************
changed: [10.240.1.11]
changed: [10.240.1.10]

PLAY RECAP ***********************************************
*******************
10.240.1.11                 : ok=3      changed=1
unreachable=0      failed=0
10.240.1.10                 : ok=3      changed=1
unreachable=0      failed=0
```

copy index.htmlのみchangedになっていますね。差分を検知してこのタスクのみを実行してくれたようです。

3 アプリケーションのバージョンアップの手法

10 デプロイ

アプリケーションのデプロイの実際

　デプロイの概念についてはすでに述べましたが、具体的なデプロイ方法は使っているミドルウェアやアプリケーションによって変わってきますので、ここでは基本的な方針のみ紹介します。

　デプロイも自動化するためのツールがあるのですが、初めての場合はまずは自動化しやすい形を手動でコマンド実行していくことで、デプロイの仕組みを理解するのがおすすめです。3-6節で紹介したしたデプロイのフローに沿って説明していきます。

サーバをロードバランサからはずす

　サーバをロードバランサからはずすところですが、ロードバランサは専用ハードウェアだったりサーバ上で動かすソフトウェアだったり、クラウドだとマネージドサービスであったりするので、それぞれ操作の方法が違います。

　APIで操作できるタイプであればデプロイ前にロードバランサのAPIを操作してサーバをロードバランシング対象からはずしましょう。APIを使ってロードバランサの操作を自動化するのが難しそうでしたら、「意図的にヘルスチェックを落とす」という方法もあります。

　ロードバランサは負荷分散対象のサーバが生きているかどうかを定期的にチェックしています。Webアプリケーションサーバであれば、設置しておいたヘルスチェック用のパス（/health-check など）にロードバランサからリクエストを送信し、レスポンスのHTTPのステータスコードが200番台であれば正常とみなし、それ以外であれば異常とみなして

ロードバランシング対象からはずれる仕組みです。これを利用して、デプロイ前にサーバがヘルスチェックのパスのみHTTPのステータスコード503（Service Unavailable）などを返すようにすれば、APIでの操作ができなくてもロードバランサからはずすことができます。

アプリケーションを停止する

アプリケーションの停止はアプリケーションを常時起動させるために使っている方法によりますが、以下のようなコマンドがサーバ上で実行されるようにすればアプリケーションは停止します（コード3-10-1）。

コード 3-10-1
```
# systemdで管理している場合
sudo systemctl stop [アプリケーション名]

# init.dで管理している場合
sudo service [アプリケーション名] stop
```

新しいアプリケーションをデプロイする

次に、新しいアプリケーションをデプロイします。アプリケーションをデプロイするには、アプリケーションの実行ファイルを対象のサーバへコピーします。sshを利用してサーバから別のサーバへファイルをコピーするのによく使われるscpコマンドを使ってもよいのですが、このような場合はrsyncというコマンドを用いるのが便利です（コード3-10-2）。

コード 3-10-2
```
rsync -a --delete /path/to/app/ ubuntu@web-app01:/opt/web-app/
```

このコマンドを打ったサーバの /path/to/app/ ディレクトリ以下の内

容を web-app01 というホスト名のサーバの /opt/web-app/ ディレクトリ以下にまったく同じようになるようにファイルを転送し、ディレクトリの同期をしてくれます。--delete オプションがついていますので、このコマンドを打ったサーバ上に存在せず、web-app01 サーバに存在するファイルは削除されます。

アプリケーションを起動する

アプリケーションの起動は停止の時のstopをstartに変えるだけです。

コード 3-10-3
```
# systemdで管理している場合
sudo systemctl start [アプリケーション名]

# init.dで管理している場合
sudo service [アプリケーション名] start
```

これでアプリケーションが起動されました。

サーバをロードバランサに再び含める

最後に新しいアプリケーションが動いているサーバをロードバランサに再び入れます。APIを使った場合、再度APIを操作してロードバランサに入れればよいですし、HTTPのステータスコードを利用した場合は、HTTPステータスに200番台を返すように戻しましょう。これで完了です。この一連の流れをシェルスクリプトで記述すればひとまずデプロイ作業は自動化できるはずです。

具体的なデプロイの流れが想像できたでしょうか。簡単なデプロイ作業であればシェルスクリプトで記述してもよいのですが、保守しやすい形で管理することが求められたり、サーバの台数が増えてくると、数台ずつ同時にデプロイしなければ全台にデプロイが完了するまでにかなり時間がかかることがあります。このような場合には、ツールを使ってデ

プロイの自動化を実現するのがおすすめです[※1]。

　また、今まで紹介したものとはかなり違ったものになりますが、Docker SwarmやKubernetesといったサーバの上でアプリケーションを直接動かさず、コンテナ化してデプロイするような環境を使っている場合は環境ごとに標準的なデプロイ方法が用意されていたり、デプロイを自動で行う機能が含まれていたりするので、特に悩むこともなく運用に乗せられるかもしれません。

※1：よく利用されるのはfabricやcapistranoといったツール。fabricはpythonをベースに、capistranoはrubyをベースにデプロイの操作を記述する。それぞれ、実現できることは同じだが、慣れている言語かどうかや、使いやすさなどを実際に触ってみて選択するのがよい。

3 覚えておくと役に立つコマンド

11 障害対応で使うコマンド

基本的なLinuxのコマンド

　障害の原因がわからない場合はサーバに入って原因の調査をしなければなりません。環境や用途によって調査や対応に必要な作業はさまざまですが、Linux環境でよく使う基本的なコマンドをいくつか紹介します。それぞれコマンドには多数のオプションがあり、すべてを覚えるのは不可能です。そこで用意されているのがmanというコマンドです。使いたいコマンドを引数に指定すればそのコマンドのマニュアルが表示されます。オプションについて細かくは解説しませんので、気になる場合はmanコマンドで調べてみてください。

　ここで、slコマンド（lsのミスタイプを狙ったジョークコマンドで、画面上を蒸気機関車が走る）の使い方を調べてみましょう。

コード 3-11-1

```
ubuntu@c01:~$ man sl

SL(6)                                    Games Manual

NAME
       sl - display animations aimed to correct users ⏎
who accidentally enter sl instead of ls.

SYNOPSIS
       sl [ -alFe ]

DESCRIPTION
       sl Displays animations aimed to correct users who ⏎
```

```
 accidentally enter sl  instead of ls.  SL stands for
Steam Locomotive.

OPTIONS
     -a     An  accident  seems  to  happen.  You'll
feel pity for people who cry for help.
     -l     shows little one.
     -F     It flies.
     -e     Allow interrupt by Ctrl+C.
...[以下略]
```

manコマンドの使い方がわからなければ、"man man"と打てばman自身のマニュアルが表示されます。障害時でなくとも、日常的にこれから紹介するコマンドを使って手に馴染むようにしておくと、いざとなったときに焦らずに済みます。

w

"w"という1文字のコマンドです。サーバにログインしたらまずこのコマンドを叩くのがおすすめです。

サーバの稼働時間、サーバにログインしているユーザ数、ロードアベレージ（サーバの負荷状況の1分間平均、5分間平均、15分間平均の値）、サーバにログインしているユーザとそのアクセス元IPアドレス、ログイン時間、実行しているコマンドなど、いろいろな情報が表示されます。

コード 3-11-2

```
ubuntu@c01:~$ w
 13:06:46 up 85 days,  6:29,  1 user,  load average:
10.00, 3.14, 5.12
USER     TTY       FROM              LOGIN@   IDLE   JCPU
PCPU WHAT
ubuntu   pts/4     203.0.113.1       13:06    0.00s
0.00s  0.05s -bash
```

free

メモリとスワップ領域[※1]の利用状況がわかります。-mオプションで使用量がメガバイト単位でわかります。-hオプションを使うと使用量に応じてメガバイトやギガバイトなど、わかりやすい単位で表示してくれます。スワップ領域の消費が増えている場合、メモリが不足しているためメモリの内容をスワップ領域に書き出していて、性能が低下していることが疑われます。

コード 3-11-3

```
ubuntu@c01:~$ free -m
        total    used    free   shared  buff/cache  available
Mem:    48287    2488    501    3514    45297       40407
Swap:   8264     3       8261
```

df

ディスクの使用量を表示するコマンドです。-m オプションで使用量がメガバイト単位でわかります。-hオプションを使うと使用量に応じてメガバイトやギガバイトなど、わかりやすい単位で表示します。

コード 3-11-4

```
ubuntu@c01:~$ df -m
Filesystem     1M-blocks  Used   Available  Use%  Mounted on
udev           24124      0      24124      0%    /dev
tmpfs          4829       521    4308       11%   /run
/dev/sdb1      930132     65985  816877     8%    /
tmpfs          24144      0      24144      0%    /dev/shm
tmpfs          5          0      5          0%    /run/lock
```

-iオプションでi-nodeというファイルシステムのファイルの管理領域の使用量を確認できます。

※1：メモリが足らなくなるとスワップ領域というディスク上の領域にデータを退避させる。

コード 3-11-5

```
ubuntu@c01:~$ df -i
Filesystem      Inodes    IUsed    IFree  IUse% Mounted on
udev           6175723      479  6175244     1% /dev
tmpfs          6180763      731  6180032     1% /run
/dev/sdb1     60489728   204869 60284859     1% /
tmpfs          6180763        1  6180762     1% /dev/shm
tmpfs          6180763        5  6180758     1% /run/lock
tmpfs          6180763       16  6180747     1% /sys/fs/cgroup
```

vmstat

　CPU使用率やメモリ使用率、ディスクI/O、OSのコンテキストスイッチの回数など、サーバの性能全般に関わる値を定期的に表示します。引数に1を指定しているので、1秒間隔で値がプリントされます。この値をしばらく眺めると、周期的な負荷の変化などの異常を発見することができます。

コード 3-11-6

```
ubuntu@c01:~$ vmstat 1
procs -----------memory---------- ---swap-- -----io----
 --system-- ------cpu-----
 r  b   swpd   free   buff  cache   si   so    bi    bo
   in   cs us sy id wa st
14  0      0 215204  24488 10274504    0    0     0    87
    0    0 30  8 61  0  1
25  0      0 203948  24488 10278016    0    0     0   104
 277785 333618 57 10 32  0  1
11  0      0 197616  24496 10275592    0    0     0    20
 262231 323953 61 10 28  0  1
12  0      0 192508  24496 10278876    0    0     0     0
 267615 323368 59 10 31  0  1
12  0      0 206896  24504 10274048    0    0     0   100
 266100 324850 57 11 31  0  1
11  0      0 189072  24504 10277472    0    0     0     0
 276667 335850 56 11 31  0  1
```

```
 19   0      0 191048  24504 10280696    0    0    0  6780
 284239 344081 55 11 33  0  1--system-- -----cpu-----
  r  b   swpd   free   buff  cache    si   so   bi   bo
 in   cs us sy id wa st
 14   0      0 215204  24488 10274504    0    0    0   87
   0   0 30  8 61  0  1
 25   0      0 203948  24488 10278016    0    0    0  104
 277785 333618 57 10 32  0  1
 11   0      0 197616  24496 10275592    0    0    0   20
 262231 323953 61 10 28  0  1
 12   0      0 192508  24496 10278876    0    0    0    0
 267615 323368 59 10 31  0  1
 12   0      0 206896  24504 10274048    0    0    0  100
 266100 324850 57 11 31  0  1
 11   0      0 189072  24504 10277472    0    0    0    0
 276667 335850 56 11 31  0  1
 19   0      0 191048  24504 10280696    0    0    0  6780
 284239 344081 55 11 33  0  1
```

tree

lsコマンドよりも視覚的にディレクトリ構造を把握することができます。

コード 3-11-7
```
ubuntu@c01:/opt$ tree
.
└── data
    ├── backup
    │   └── images
    │       ├── image1.jpg
    │       ├── image2.jpg
    │       └── image3.jpg
    ├── debug.dump
    └── images
        ├── image1.jpg
        ├── image2.jpg
        └── image3.jpg
```

```
    └── logs
        └── app.log
```

du

指定したディレクトリ以下にあるファイルのサイズがわかります。-mオプションで使用量がメガバイト単位でわかります。-hオプションを使うと使用量に応じてメガバイトやギガバイトなど、わかりやすい単位で表示してくれます。

コード 3-11-8

```
ubuntu@c01:/opt$ du -m data/
5       data/backup/images
5       data/backup
1       data/logs
5       data/images
41      data/
```

top

プロセスごとのCPUやメモリの使用量がわかります。cオプションを付けると、実行されているコマンドが表示されるのでわかりやすいです。

コード 3-11-9

```
ubuntu@c01:~$ top c
top - 14:22:39 up 10 days, 20 min,  1 user,  load average:
 1.99, 1.65, 1.42
Tasks: 120 total,   1 running, 119 sleeping,   0 stopped,
  0 zombie
Cpu(s): 20.9%us,  4.0%sy,  0.0%ni, 74.3%id,  0.0%wa,
0.0%hi,  0.3%si,  0.5%st
Mem:  16434272k total, 16281788k used,   152484k free,
315600k buffers
Swap:        0k total,        0k used,        0k free,
```

```
5071876k cached

  PID USER      PR  NI  VIRT  RES  SHR S %CPU %MEM
TIME+  COMMAND
23001 ubuntu    20   0 13.7g 9.7g  16m S 82.9 61.8
2849:26 java -server -procname my-web-app -home /usr/
java/latest
 9179 td-agent  20   0  397m  98m 6584 S 18.3  0.6
1637:08 /opt/td-agent/embedded/bin/ruby /usr/sbin/td-
agent --log
 6931 nginx     20   0 63584 8780 3548 S  3.3  0.1
236:28.83 nginx: worker process
 9201 td-agent  20   0  161m  17m 6376 S  1.3  0.1
167:52.79 /opt/td-agent/embedded/lib/ruby/gems/2.4.0/gems
/fluent-p
22563 haproxy   20   0 51004 3816 2228 S  1.3  0.0
69:48.00 /usr/sbin/haproxy -D -f /etc/haproxy/haproxy.cfg
 -p /var
 6928 nginx     20   0 63504 8712 3548 S  0.7  0.1
92:45.39 nginx: worker process
 9204 td-agent  20   0  137m  14m 6376 S  0.7  0.1
68:04.24 /opt/td-agent/embedded/lib/ruby/gems/2.1.0/gems
/fluent-p
 6930 nginx     20   0 63236 8448 3548 S  0.3  0.1
28:22.18 nginx: worker process
    1 root      20   0 19648 2596 2268 S  0.0  0.0
0:01.29 /sbin/init
    2 root      20   0     0    0    0 S  0.0  0.0
0:00.07 [kthreadd]
    3 root      20   0     0    0    0 S  0.0  0.0
0:41.57 [ksoftirqd/0]
    5 root       0 -20     0    0    0 S  0.0  0.0
0:00.00 [kworker/0:0H]
    7 root      20   0     0    0    0 S  0.0  0.0
11:47.96 [rcu_sched]
    8 root      20   0     0    0    0 S  0.0  0.0
0:00.00 [rcu_bh]
...[以下略]
```

htop

topコマンドがよりグラフィカルになったものです。標準ではインストールされていないので、使う場合はサーバのプロビジョニング時に自動でインストールされるようにしておくとよいです。

図3-11-1

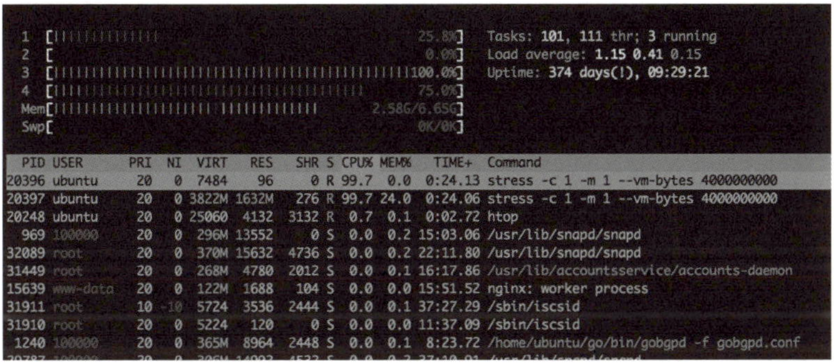

このようなTUI（Text User Interface）が表示されます。

ps

プロセスのリストを表示します。grepコマンドなどでフィルタして、プロセスが稼働しているか調べたり、後述するkillコマンドで停止させるためにプロセスIDを探すのに使ったりすることが多いです。psコマンドはオプションが多いですが、筆者はすべてのプロセスをコマンドの文字列の長さの省略なしに表示するために"auxww"というオプションを付けています。

コード 3-11-10

```
ubuntu@c01:~$ ps auxww
USER        PID %CPU %MEM    VSZ   RSS TTY      STAT START
```

```
              TIME COMMAND
root           1  0.0  0.0  37428  4048 ?         Ss   Aug11
  0:35 /sbin/init
root          53  0.0  0.0  35276  5548 ?         Ss   Aug11
  0:17 /lib/systemd/systemd-journald
root          55  0.0  0.0  41724  1820 ?         Ss   Aug11
  0:05 /lib/systemd/systemd-udevd
root         246  0.0  0.0  16124  2032 ?         Ss   Aug11
  0:05 /sbin/dhclient -1 -v -pf /run/dhclient.eth0.pid
-lf /var/lib/dhcp/dhclient.eth0.leases -I -df /var/
lib/dhcp/dhclient6.eth0.leases eth0
daemon       323  0.0  0.0  26044  1196 ?         Ss   Aug11
  0:00 /usr/sbin/atd -f
root         324  0.0  0.0  28548  2028 ?         Ss   Aug11
  0:05 /lib/systemd/systemd-logind
root         325  0.0  0.0 274488  5840 ?         Ssl  Aug11
  1:23 /usr/lib/accountsservice/accounts-daemon
syslog       328  0.0  0.0 186900  2444 ?         Ssl  Aug11
  0:05 /usr/sbin/rsyslogd -n
message+     329  0.0  0.0  43032  2412 ?         Ss   Aug11
  0:00 /usr/bin/dbus-daemon --system --address=systemd:
  --nofork --nopidfile --systemd-activation
root         344  0.0  0.0  27728  1468 ?         Ss   Aug11
  0:11 /usr/sbin/cron -f
root         345  0.0  0.0  65520  2828 ?         Ss   Aug11
  0:00 /usr/sbin/sshd -D
root         346  0.0  0.0 1234660 28792 ?        Ssl  Aug11
 11:58 /usr/lib/snapd/snapd
root         351  0.0  0.0 277180  3816 ?         Ssl  Aug11
  0:00 /usr/lib/policykit-1/polkitd --no-debug
root         363  0.0  0.0  14476  1044 ?         Ss+  Aug11
  0:00 /sbin/agetty --noclear --keep-baud console 115200
 38400 9600 vt220
root         401  0.0  0.0 124972  1812 ?         Ss   Aug11
  0:00 nginx: master process /usr/sbin/nginx -g daemon
on; master_process on;
www-data     402  0.0  0.0 125332  3508 ?         S    Aug11
  4:49 nginx: worker process
www-data     403  0.0  0.0 125332  3440 ?         S    Aug11
  4:22 nginx: worker process
```

```
www-data   404  0.0  0.0 125332  3040 ?        S    Aug11
  5:12 nginx: worker process
...[以下略]
```

kill

プロセスにシグナルを送ることでプロセスを終了させます。デフォルトではSIGTERMというシグナルが送られますが、オプションでさまざまな種類のシグナルが送信できます。送信可能なシグナル一覧はkill -lコマンドで表示できます。"-SIGKILL"オプションをつけるとプロセスを強制的に停止させられます。アプリケーションにSIGTERMを送っても停止せず、強制的に停止させるしかない場合にSIGKILLを送りましょう。

killが送信可能なシグナル一覧は以下のとおりです。

コード 3-11-11

```
ubuntu@c01:~$ kill -l
 1) SIGHUP       2) SIGINT       3) SIGQUIT      4)
SIGILL      5) SIGTRAP
 6) SIGABRT     7) SIGBUS       8) SIGFPE       9)
SIGKILL    10) SIGUSR1
11) SIGSEGV    12) SIGUSR2     13) SIGPIPE     14)
SIGALRM    15) SIGTERM
16) SIGSTKFLT  17) SIGCHLD     18) SIGCONT     19)
SIGSTOP    20) SIGTSTP
21) SIGTTIN    22) SIGTTOU     23) SIGURG      24)
SIGXCPU    25) SIGXFSZ
26) SIGVTALRM  27) SIGPROF     28) SIGWINCH    29)
SIGIO      30) SIGPWR
31) SIGSYS     34) SIGRTMIN    35) SIGRTMIN+1  36)
SIGRTMIN+2 37) SIGRTMIN+3
38) SIGRTMIN+4 39) SIGRTMIN+5 40) SIGRTMIN+6  41)
SIGRTMIN+7 42) SIGRTMIN+8
43) SIGRTMIN+9 44) SIGRTMIN+10 45) SIGRTMIN+11 46)
SIGRTMIN+12 47) SIGRTMIN+13
48) SIGRTMIN+14 49) SIGRTMIN+15 50) SIGRTMAX-14 51)
SIGRTMAX-13 52) SIGRTMAX-12
```

```
53) SIGRTMAX-11  54) SIGRTMAX-10  55) SIGRTMAX-9   56)
SIGRTMAX-8   57) SIGRTMAX-7
58) SIGRTMAX-6   59) SIGRTMAX-5   60) SIGRTMAX-4   61)
SIGRTMAX-3   62) SIGRTMAX-2
63) SIGRTMAX-1   64) SIGRTMAX
```

killコマンドの使い方を紹介します。バックグラウンドプロセス（今回はsleepするだけ）を作るコマンドは以下のとおりです。

コード 3-11-12
```
ubuntu@c01:~$ sleep 100 &
[1] 3550
```

sleepコマンドのプロセスIDを探すために以下のコマンドを使います。

コード 3-11-13
```
ubuntu@c01:~$ ps auxww | grep sleep
ubuntu    3550  0.0  0.0   6012   580 ?        S    13:01
  0:00 sleep 100
ubuntu    3552  0.0  0.0  12944   832 ?        R+   13:01
  0:00 grep --color=auto sleep
```

プロセスID 3550にSIGTERMシグナルを送信し、プロセスを停止させます。

コード 3-11-14
```
ubuntu@c01:~$ kill 3550
```

バックグラウンドが終了したメッセージが表示されます。

コード 3-11-15
```
ubuntu@c01:~$
```

```
[1]+  Terminated              sleep 100
```

プロセスIDではなく、プロセス名を指定してプロセスにシグナルを送信するpkillというコマンドもあります。

reboot

再起動をするコマンドです。root権限が必要なのでsudoコマンドと一緒に使うことが多いです。

カーソルの更新など、再起動が必要なアップデートを適用する、もしくはOSが不安定になってしまったときの最終手段として再起動をする場合に用います。

コード 3-11-16
```
ubuntu@c01:~$ sudo reboot
Connection to 10.120.6.215 closed by remote host.
Connection to 10.120.6.215 closed.
```

OSがシャットダウンされてから起動するため、sshで接続している場合、再起動するとsshの接続は切断されます。

もしコマンドを一切受け付けないような事態になってしまった場合は操作できないので、オンプレミス環境であれば遠隔で電源の操作などが行えるIPMIを、クラウド環境であれば管理画面から強制的に電源の再投入を行いましょう。

オンプレミス環境でIPMIが利用不可能な場合はデータセンタに駆けつけて電源ボタンを操作するか、直接ディスプレイとキーボードを接続して対応するしかないかもしれません。

3 サーバの異常を検知する

12 監視ツール

サーバやアプリケーションの状態を知るには

　監視ツールを導入することで、サーバやアプリケーションの性能の可視化および異常、障害の検知が行えるようになります（図3-12-1）。

　サーバのCPU使用率、メモリ使用量、通信量、データベースのコネクション数、アプリケーションのレスポンス速度といったメトリクスを常に収集しておき、可視化しておくことでサービスの負荷傾向を把握してサーバの台数を調整したり、アプリケーションの改善に役立てたりすることができます。また、メトリクスを一定期間保存するようにしておけば、徐々に性能が悪化しているといった長期的な変化にも気づくことができます。

図3-12-1　監視ツールがあるとき、ないとき

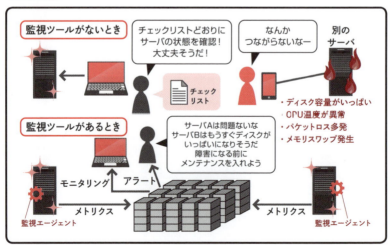

ダッシュボードを作るなどしてメトリクスがきちんと可視化されていれば、異常を検知した場合も原因となる箇所をすぐに突き止められます。

監視ができると、障害や異常の検知を自動化することができます。メトリクスがあらかじめ設定したしきい値を超えるとアラートを発報するように設定すれば、障害に至る前に運用担当者に対応を促すことができます。

高機能な監視ツールはしきい値によるアラート発報以外に機械学習を用いて、通常と異なるパターンを発見した場合にもアラートを発報することができます。アラートの受け取り方も設定や外部ツールとの連携次第でメール、チャット、電話などさまざまです。アラートが発報されるとオフィスに設置したパトランプが点滅し、アラームが鳴るようにしている会社もあります。

ちなみに筆者の社内では、監視ツールとして、自前で運用する場合はZabbixやPrometheus、SaaSを利用する場合はDatadogやMackerelが利用されています。

3 実際の監視画面

13 いろいろな監視ツール

画面で理解する監視ツール

監視ツールを利用するとどのようなことができるのか、いくつかスクリーンショットの例を挙げます。

Zabbix

Zabbixはオープンソースのサーバ、ネットワークの集中監視ソフトウェアです。監視サーバを自前で運用する必要がありますが、広く使われているので日本語での資料も豊富に存在します。サーバにエージェントをインストールしてZabbixサーバに対してメトリクスを送信することもできますし、ネットワーク機器の監視によく使われるSNMPというプロトコルを用いてネットワーク機器を監視することもできます。

図3-13-1

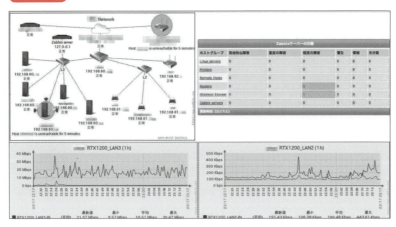

図3-13-1は収集したメトリクスのグラフを組み合わせて作ったダッシュボードです。このようにメトリクスを可視化したり、閾値を設定してメールなどで外部にアラートの通知をしたりすることができます。

Datadog

図3-13-2

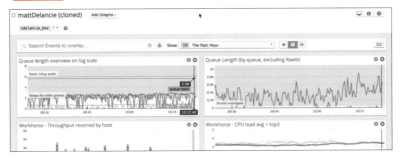

　SaaSの監視ツールであるDatadogは収集したサーバやロードバランサ、アプリケーション各種のメトリクスをタグという概念を使ってCPU使用率をサーバごと、サーバの役割ごとなど、好きな粒度でグラフ化することができ、ダッシュボードを作成し共有することができます（図3-13-2）。また、標準で各種クラウドのマネージドサービスのメトリクス収集もサポートされているので、連携が非常に楽です。

図3-13-3

　図3-13-3はアラート画面で、アラート設定と発生中のアラートの一覧が表示されています。アラートが発生した場合にチャットツールなどの外部ツールに通知をすることもできます。

3 障害のレベルを定義する

14 運用の負担を軽減するには

すぐに対応すべきかを考える

　サービスを提供し続ける限り、運用という業務はなくなることはありませんが、定期的に発生する手動による運用作業を洗い出したり、業務フローの見直しを定期的に行ったりするなど省力化するためにできることはあるはずです。業務を見直した結果、クラウドサービスを活用するのが適していることが判明した、という事例も筆者の周りでは増えてきています。

　本節では、運用負荷を軽減するために検討すべきこと、およびクラウド環境ならではの運用方法をいくつか紹介します。

　一般的なWebサービスの会社であれば24時間365日運用担当者が監視

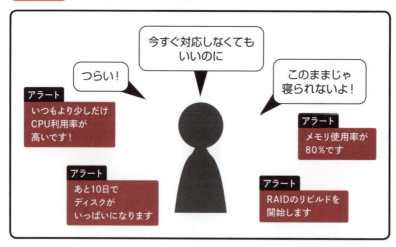

図3-14-1　**障害で寝られなくなる例**

し、いつでも対応できる体制を敷くのは現実的ではないので、退社後や休日は障害が発生した際に運用担当者の携帯電話が鳴り、障害の発生に気づくような仕組みを構築することが多いです。監視ツールを外部ツールと連携させれば比較的簡単に実現ができるはずです。ただし、「そのアラートはすぐに知るべきなのか」といったことに気をつけなければなりません。

サービスにまったくアクセスできなくなるというレベルであれば休日や夜間であっても急いで対応する必要があるかもしれませんが、障害箇所で冗長構成が取られている場合は、すぐに対応しなくてもサービスの提供には影響がないはずです。このような場合であっても携帯電話が鳴って強制的に呼び出されてしまっては、せっかくの休日が台無しになってしまいます。

「直ちに対応しなければならないもの」「対応しなければならないが数日の間は対応しなくても大丈夫なもの」「障害の兆候かもしれないので、経過を注視すべきだが、特に対応は必要のないもの」など、監視ツールを利用する上で障害のレベルを定義しておき、曜日や時間帯によって運用担当者に対してすぐにアラートを発報するのか、出社時にまとめて確認するようにするのかといった設定の使い分けをするべきです。一方、少しでもサービスがダウンすることが許されない環境で、直ちに影響がない障害であってもすぐに対応し、少しでもサービス停止に繋がるリスク要因を排除しなければならない環境であればシフト制勤務を採用し、いつでも運用担当者が待機している環境を組むべきでしょう。

チャットボットを使った運用

chatops

コマンドラインより便利なチャット

　運用作業にチャットbotを活用して楽にしている事例もあります。チャットで運用するので chat + operationsでchatopsというわけです。わざわざチャットから運用の流れで行う操作をできるようにしなくても、コマンドラインツールを作ってそれを充実させればよさそうですが、chatopsはコマンドラインツールでは得られないメリットがあります。

　エンジニアどうしが会話しているチャット上で行うことで、誰が今どんな作業をしているのが一目瞭然なのと、そのとき行った操作と会話がセットでログに残るため、あとでいつ何をしたのか遡って調べる必要が出たときも調査が楽になります。

図3-15-1 chatopsのイメージ例

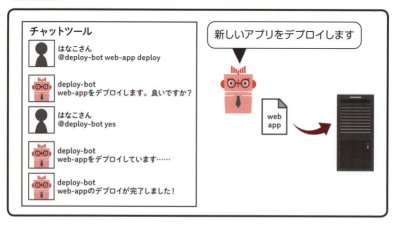

チャットサービスのAPIを利用して対話するbotをフルスクラッチで作成してもよいですが、hubotというチャットbotを作るためのフレームワークがあるのでこういったフレームワークを使うのが楽です。

> 参考URL **hubot**
> https://hubot.github.com/

図3-15-2

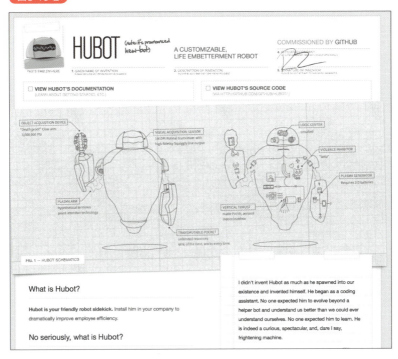

chatopsは一度導入すると便利なのでchatopsのみに頼りがちになりますが、チャットサービス自体が障害で使えなくなった場合にチャットbot経由以外での運用手段がなくなると不便です。チャットサービスが障害から復旧するまでの間の代替手段は用意しておきましょう。

3 起動時に自動でサーバを構築する
16 cloud-init

設定ファイルに構築手順を記述する

　サーバの構築にプロビジョニングツールを使うことによって冪等性(べきとうせい)を保つことができ、何度実行しても同じ状態にサーバを維持することができると述べました。しかし、一度限りしかプロビジョニングを行わないのであれば、冪等性のことを考えずにもっとシンプルに記述することができます。特にクラウド環境ではサーバを作ったり捨てたりするのが非常に簡単にできるので、構成の変更をするときは差分をプロビジョニングするよりも新しいサーバを作って、古いサーバと入れ替えてしまった方が楽というわけです。差分の適用に失敗してサーバを壊してしまうといったことも発生しません。

　このような運用スタイルをImmutable Infrastructure（イミュータブルインフラストラクチャ）と呼びます。

cloud-init

　cloud-initは簡単な設定の記述でサーバのホスト名、ユーザ、ログインパスワード、ログイン用の公開鍵、パッケージのインストールから、構築のためのコマンドが実行できるツールです。多くのクラウド環境ではcloud-initを標準でサポートしていますので、サーバを起動するときにcloud-initの設定を指定すれば、サーバにログインすることなく自動でサーバの構築ができてしまいます。

　また、サーバの元になるテンプレートイメージを作成するときに1回だけ実行、サーバを作成し初めて起動したときに1回だけ実行、サーバを起動するごとに毎回実行するなど、どのタイミングで指定したコマン

cloud-init

ドを実行するかも制御可能です。サンプルとして、サーバ起動時にデフォルトでインストールされているパッケージのアップデートをして、NginxとMySQLをインストール、ホスト名を"cloud-server01"に変更、"kuro"というユーザを作成し、sshログイン用の公開鍵を設定、ユーザ"kuro"はパスワードなしでsudoコマンドが利用できるようにし、/tmp/hello.txtというファイルを作成して"hello world!"と書き込む、という操作を行う設定を紹介します（コード3-16-1）。

コード 3-16-1

```
#cloud-config

repo_update: true
repo_upgrade: all
packages:
  - nginx
  - mysql-server
hostname: cloud-server01
users:
- name: kuro
  ssh-authorized-keys:
    - ssh-rsa AAAAB3NzaC1yc2EAAAADAQABAAABAQDRqP+9+b3ZH
oXYyXo+V3s1K8AR+dBgYPUVdTieTtnLh2FPfKp9lGe9sLQcTDiWCiBvU9
iUvx3m42gvzHeYht/SPjzskr4unhSwS7wbz761dMmM9HL3jjmH8iIj/
gyrARkBOUQj5eqTVvPtX8xfJOegHcxR/MssQsTlWcDdBsROrV+DJAglMM
11Rei5147ZebYX8HCfg5BrYZlQtXJkHFNaMW59XlwL3Pk7i48MkHvApo8
+2MsWUpgPSoo4guFl4G9M5BrRTpxiZbpnPsjxW+YX8u7UVcLR1OEyKgZe
NUJK84dXq1cOAMWfM/6n5gPlGSUhGCoOGTinv3OCLGExvbrV kuro@
cloud
    sudo: ALL=(ALL) NOPASSWD:ALL
runcmd:
  - [sh, -c, "echo 'hello world!' > /tmp/hello.txt"]
```

これ以外にも機能は豊富なので、使いこなしたい人はcloud-initの公式ドキュメントを参照してください。

参考URL cloud-init
http://cloudinit.readthedocs.io/en/latest/

3 障害時にも自動復旧できる

17 オートスケーリングでの自動リカバリ

自動でサーバを置き換える

　サーバに障害が発生した場合、自動で復旧してくれたら楽だと思うことはないでしょうか。クラウド環境では、それを実現するオートスケーリングという機能が備わっていることが多いです。

　オートスケーリングというのは、複数台のサーバをグループ単位で管理し、アプリケーションの負荷に応じてサーバの台数を自動で調節してくれる機能です。「CPU使用率が70％を超えたらサーバを2台増やす」といったトリガを設定すると、負荷に応じてサーバの台数を自動で調節してくれます。この機能をサーバ故障時の自動リカバリ機能として使うこともできます。具体的にはスケーリングのトリガを指定せず、固定の台

図3-17-1 クラウド環境での自動リカバリ

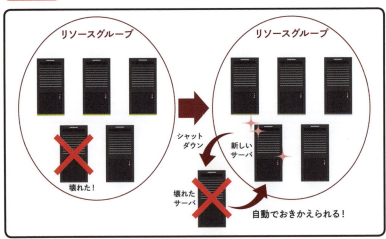

数で運用するように設定するだけです。

　こうしておくと、サーバが故障し、サーバに対するヘルスチェックが落ちるようになった場合、クラウドサービス側で新しいサーバを用意しサービスに追加し、故障したインスタンスを自動でシャットダウンし、削除してくれます。予備のサーバをスタンバイさせておく必要がないので、余分なコストもかかりません。

3 クラウド特有の手法

18 ブルーグリーンデプロイメント

本番環境を2つ用意する

　デプロイの項目で、ローリングアップデートという手法を紹介しましたが、クラウド環境特有の手法として、ブルーグリーンデプロイメントというものもあります。

　原理はとても簡単で、稼働している本番環境とまったく同じ構成をもう一つ用意します。唯一異なるのは新しい環境の方が動作しているアプリケーションのバージョンが新しいということです。それ以外はまったく一緒なので、あとはDNSのレコードを操作し、新しい環境にリクエストが来るようにするだけです。

　もしも新しい環境で不具合が発生した場合はDNSのレコードを再度操作し、元の環境にリクエストが来るようにすればロールバック完了です。問題なければ、DNSのレコードに設定したTTLの時間が経過し、古い環境にリクエストが来なくなったことを確認し、古い環境はまるごと削除してしまいます。本当にシンプルですが、とても大胆な手法です。

　オンプレミス環境では一時的な目的のためにコストの面から通常運用時の2倍のサーバリソースを用意するのは厳しいですが、クラウド環境はサーバを利用した時間だけの課金ですし、秒単位で課金額を計算するクラウド事業者も増えてきているので、ほとんど問題にはならないはずです。クラウドならではの手法というわけです。

3 インフラもコードで管理する

19 Infrastructure as Code

クラウド環境では高度な自動化が可能

　クラウド環境ではほぼすべての操作がAPIで行えるようになっています。ということは、サーバのプロビジョニングやデプロイはもちろんですが、それ以前のサーバを用意して起動する、固定のグローバルIPアドレスを付与する、ロードバランサを用意する、マネージドサービスのデータベースを用意する、などといった操作も人間が手動で操作する必要がなく、APIを用いて自動化ができるわけです。

　サービスが稼働するサーバ上だけでなく、インフラ全体をコードや設定ファイルで管理できるようになるので、人手が介在しない分、人為的ミスが発生する余地が最小限に抑えられます。検証用に本番とまったく同じ環境を作るときもすでにコード化されているので、それを実行するだけで誰でもすぐに再現することが可能で、構築手順書も不要です。手順書のメンテナンスがなされておらず、実際の環境と手順書の状態が一致していないという状態も発生しません。

　Terraformというツールは多くのクラウドベンダや、そのほかのSaaSのツールに対応しており、Infrastructure as Codeを実践する上で事実上の標準ツールになっています。

図3-19-1 Terraformの仕組み

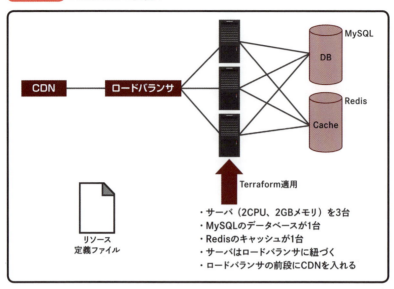

Chapter

情報セキュリティ編

システムに対して、どんな脅威があるのか、どう対策すべきなのかをインフラエンジニアの視点から解説します。

なぜ知っておくべきなのか

情報セキュリティとは

なぜセキュリティ対策は重要なのか

　セキュリティは「安全な」という意味の単語、Secureに由来します。ユーザが安心してシステムを使い続けられるように、サイバー攻撃や障害からシステムやデータを安全に保護するための技術分野を情報セキュリティといいます。

　今日、IT技術は私達の生活にとって必要不可欠なものとなっています。IT技術がなければネット通販で買い物をすることもできませんし、スマートフォンを利用して友達とコミュニケーションを楽しむことも出来ません。しかしながら、古くから重要かつ根本的な部分で今でも使われているシステムは、悪意を持ったITに詳しい人間がいない前提で設計されて

図4-1-1 **セキュリティとは**

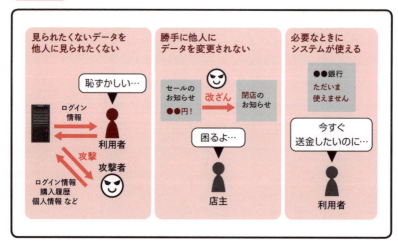

いたりします。何もセキュリティ対策を行っていなければ、見られたくないデータを他人に盗み見られたり、自分の知らない間に勝手にデータを書き換えられたり、必要なときにシステムが使えなくなったりするかもしれません。

サイバー攻撃を受けて情報漏洩などのセキュリティインシデントが起きると、運営している企業に対するユーザの信用を失ってしまいますが、その後の事故報告によってユーザ保護に対する姿勢が評価されることもあります。セキュリティ対策を行っていたのに事故が起こってしまったのか、何も対策がなされていなかったのかでは印象がまったく違います。セキュリティ対策や診断をほかの業者に委託する場合でも、セキュリティ対策の基本的な考え方を知っておくことは重要です。

セキュリティの目的

セキュリティの目的をもっと具体的な言葉で整理します。セキュリティのCIAと呼ばれる、セキュリティの根幹となる考えを次に示します。

C（Confidentiality＝機密性）

情報にアクセスできるのはアクセス権を持った人だけで、許可のない人には情報の利用・閲覧をさせないようにすることです。アクセス制御やパスワード認証、暗号化、データセンタへの立ち入り制限などで実現されます。

I（Integrity＝完全性）

情報は正確であり、改ざんされていないことを指します。ネットワーク上をデータが流れる場合、途中の経路で何者かに情報を改ざんされる可能性が十分に存在します。これを防ぐために、情報にデジタル署名を付加する必要があります。

A（Availability ＝ 可用性）

　必要なとき、必要なだけ情報にアクセスができることを指します。システムの冗長化（経路、装置の多重化、停電時を考慮した蓄電池設備、ハードディスクをRAID構成にするなど）によって実現します。

　他人の情報を盗もうとシステムへ侵入を試みるクラッカー（SQLインジェクション攻撃など）、データを中継して不正に改ざんすること（中間者攻撃）、大量のアクセスを仕掛けてサービスをダウンさせる攻撃（DDoS攻撃）など、ネットワーク上の脅威は、この3要素に対して襲いかかってきます。

完全なセキュリティ対策はない

　個々のサイバー攻撃に対する防御の鉄則はあっても、あらゆる攻撃を完全に防ぐことは簡単ではありません。そこで、サイバー攻撃による攻略の難易度を上げることにより、攻撃を失敗させたり諦めさせたりしますが、そうしようとするほど、通常のユーザの利便性を下げることになったり、高価なサービスや設備の導入が必要になったり、維持管理にかかる手間が増えたりします。

　しかし、セキュリティ対策に割くことのできるリソースは限られているので、そのシステムの重要性（そのシステムを稼働させ続けないと会社として大きな損失につながるなど）と、人的リソースや金銭的コストのバランスを考えながら、セキュリティ対策を行っていくことになります。

インフラエンジニアにとってのセキュリティ

　一般的にセキュリティインシデントというとXSS（クロスサイトスクリプティング）やSQLインジェクションなど、アプリケーションの脆弱性がよく注目され、セキュリティはアプリケーションの一分野としてと

らえられがちですが、実際にはOSI参照モデルでいう物理層からアプリケーション層まですべてのレイヤに関係してきます。インフラエンジニアは日頃からサービスを維持し、事故や障害の際に対応しなければならないため、特にアプリケーション、ミドルウェア、ネットワークに関するセキュリティの基礎知識を身に付けておく必要があります。

4 「ログイン」とセキュリティ

2 ユーザ認証

ユーザごとにアクセスを許可する

　セキュリティ対策を進めていくうえで、認証の問題は避けて通れません。認証方法にはいくつかの分け方がありますが、まず4-2節から4-4節にかけて、ユーザ認証から取り上げます。

　ユーザ認証とは、その人が必要なリソースへのアクセスを許可（認可）するために、アクセス元が許可すべき対象であるかどうか確認することをいいます。

　ユーザ認証はさまざまな場面で使用されています。Webアプリケーション上で会員登録したユーザが自身のリソースにアクセスするログイン画面もユーザ認証ですし、そのアプリケーションがデータベースに接続する際にも、実行しているサーバを操作する際にもユーザ認証を求められます。

　すでに述べたとおり、ユーザ認証はアクセスを許可するため、いわば正規のユーザにアクセスを限定するためにあります。したがって、何らかの原因によりユーザ認証に不備が生じると、正規でないアクセスも許可してしまうことになります（図4-2-1）。

　より具体的に考えてみましょう。あなたの職場で先月退職したインフラエンジニアのAさんがいたとします。Aさんはベテランのエンジニアだったため、社内の基幹システムへのアクセスが許可されていました。あるとき、基幹システムが停止して障害アラートが鳴りました。原因を調査してみると、障害直前に社外からAさんのアカウントを通じて基幹システムへのアクセスがあり、そのアクセスが原因であったことがわかりました。

この障害は、実際にAさんが引き起こしていたか、もしくはAさんになりすました攻撃者が行った可能性がありますが、いずれにせよAさんのアカウントを無効化していたら防ぐことができたはずです。ここからわかるように不要なアカウントの無効化や権限の見直しは随時行うことが重要です（詳しくは4-16節参照）。

図4-2-1　ユーザ認証に不備があると……

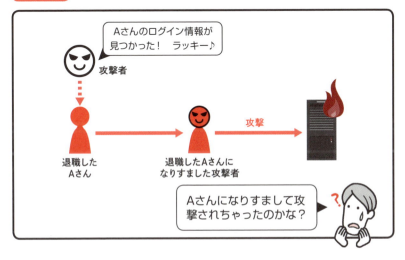

4 公開鍵認証ならより安全に

3 ssh認証方式

手軽なパスワード認証と便利で安全な公開鍵認証

　sshは、ネットワーク越しにホストにログインし、コマンドを実行するためのプロトコルですが、sshは大きく分けてパスワード認証と公開鍵認証という2つの認証方式に対応しています（図4-3-1）。

　パスワード認証は、ユーザ名とパスワードの組み合わせによって認証するので、その組み合わせを知っていればどこからでも対象ホストにログインできるというメリットがありますが、一方でパスワードが何らかの原因で漏れたとき、悪意あるユーザのログインを防げないというデメリットもあります。

　一方、公開鍵認証はあらかじめ対象ホストに登録されている公開鍵と対になっている秘密鍵を持っているホストからしかログインできないため、秘密鍵が流出しない限り、パスワード認証に比べて安全といえます。また、よりセキュアにしたい場合は、秘密鍵に対してパスワードをかけることもできます。複数人で共有するホストにユーザを追加する際、パスワード認証だと管理者とパスワードを共有する必要がありますが、公開鍵は公開情報なので、公開鍵を管理者に渡すだけで済むメリットもあります。

　また、統合認証基盤であるPAM（Pluggable Authentication Module）モジュールを組み合わせて利用すると、ユーザごとにアクセス元のIPアドレスを制限できるので、アクセスに必ず踏み台を利用する環境では設定するとよいでしょう。

ssh認証方式 ③

図4-3-1 SSHの2つの認証方式

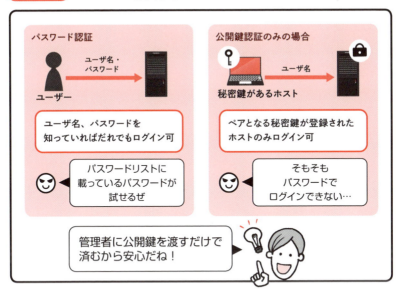

🅒🅞🅛🅤🅜🅝 ssh公開鍵をサーバに登録する

　ssh公開鍵をサーバに登録する際、.sshディレクトリが存在しない場合は作成し、authorized_keysファイルにコピー&ペーストし、.sshディレクトリのパーミッションを700、authorized_keysファイルを600に変更する、といった操作が発生しますが、ssh-copy-idコマンドを使用すると、公開鍵を指定し、サーバに対するユーザのパスワードを入力するだけで簡単にサーバに登録できます。

4 BASE64でエンコードして送信

4 BASIC認証

平文並みに盗聴に弱い

　よくWebで用いられている認証方式として、BASIC認証というものがあります。これは、ユーザ名とパスワードを結合した文字列をBASE64方式でエンコードした状態をクライアントからサーバに送る方式です。BASE64というのは、メールなどで利用されている単純なバイト列の変換方式で、デコードが簡単にできてしまいます（図4-4-1）。

　たとえば、ユーザ名がuser、パスワードがpassだった場合、クライアントはサーバにuser:passという文字列をBASE64エンコードし、「dXNlcjpwYXNzCg==」という文字列を送信します。通信経路を盗聴している攻撃者がこの文字列を入手すると、コード4-4-1のように、base64コマンドを使用することで元のユーザ名とパスワードを得ることができます[1]。

コード 4-4-1
```
$ echo "dXNlcjpwYXNzCg==" | base64 -d
user:pass
```

　簡単にデコードできる文字列で通信することは、いわば平文で通信しているのとほぼ同じで、盗聴に弱いので危険である、という指摘もあります。よりセキュアな認証方法として、認証情報とランダムな値でハッシュ値を計算し、その値で認証するDIGEST認証というものもあります。また、BASIC認証をSSL上で行うことで、そもそも盗聴されにくいようにし、認証情報を保護することもできます[2]。

---
[1]: 使用する環境により、-dオプションだったり、-Dオプションだったりする。
[2]: このように、別のレイヤーで保護を強化することを多層防御という。4-11節を参照のこと。

図4-4-1 BASIC認証は危険？

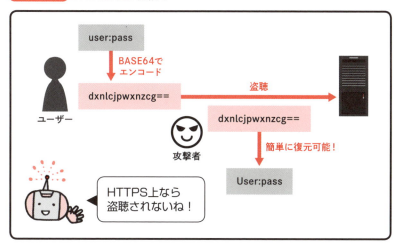

パーミッションとコマンド制限

4 アクセスや実行の権限を限定する

パーミッションとは

　パーミッションとは、ファイルなどにファイルの読み書き・実行の権限のことをいい、「ls -l」コマンドなどで確認することができます（コード4-5-1）。「drwxrwxr-x」などの文字列は、dはディレクトリ、rは読み込み権限、wは書き込み権限、xは実行権限（ディレクトリの場合は中身への読み書き権限）の意味であり、ファイルの種別、所有者に対する権限、所有グループに対する権限、それ以外のユーザに対する権限を表しています。パーミッションを表現する方法として、rを4、wを2、xを1として、3文字ごとに合計した数字がよく用いられます。

コード 4-5-1

```
# ls -l
合計 76
drwxr-xr-x 2 root root 4096 10月 31  2016 conf.d
drwxr-xr-x 2 root root 4096 10月 31  2016 default.d
-rw-r--r-- 1 root root 1077 10月 31  2016 fastcgi.conf
-rw-r--r-- 1 root root 1077 10月 31  2016 fastcgi.conf.↵
default
-rw-r--r-- 1 root root 1007 10月 31  2016 fastcgi_params
-rw-r--r-- 1 root root 1007 10月 31  2016 fastcgi_params.↵
default
-rw-r--r-- 1 root root 2837 10月 31  2016 koi-utf
-rw-r--r-- 1 root root 2223 10月 31  2016 koi-win
-rw-r--r-- 1 root root 3957 10月 31  2016 mime.types
-rw-r--r-- 1 root root 3957 10月 31  2016 mime.types.↵
default
-rw-r--r-- 1 root root 3790  7月  4 15:22 nginx.conf
```

パーミッションとコマンド制限

（以下略）

コード4-5-1では、ディレクトリであるconf.dとdefault.dは755で、それ以外のファイルは644になります。パスワードが含まれるファイルなど、ほかのユーザに見られたくないファイルは600に設定します。

過去には、レンタルサーバサービスでパーミッションを適切に設定していないことが原因で、コンテンツの改ざんが行われた事件[※1]がありました。CMS（Contents Management System：コンテンツ管理システム）に限らず、Webアプリケーション環境を構築・運用する際は、公式ドキュメントを参考にするなどして、各ファイルに設定するパーミッションを適切に設定しましょう。

コマンドの制限

本番環境やそれに準ずる環境では、rootユーザでの作業は必要最低限にするとよいでしょう。root以外のユーザで作業を行うことで、rootユーザのパスワードをほかの管理者と共有せずに済んだり、ログを残すことができたり、オペレーションミスを減らすことができます。

また、サーバの初期設定時によく行う「visudoコマンドで%wheel(admin)で始まる行のコメントアウトを解除して、作業用ユーザをwheelグループに追加」という行為は間違いではないのですが、そのまま使い続けると、wheelグループに追加したユーザがrootユーザのパスワードを知らなくても「sudo su」コマンドでrootユーザになることができてしまうので注意が必要です。

作業用ユーザで行う普段のオペレーションに使用するコマンドが限られている場合は、実行できるコマンドを制限するとよいでしょう。たとえば、visudoコマンドを用いてopeuserユーザにパスワードなしでシャットダウンを許可するには、以下のように追記します（コード4-5-2）。

※1：事件の詳細については、以下のURLを参照のこと。
https://pepabo.com/news/information/201309091900

コード 4-5-2
```
opeuser ALL=(root)   NOPASSWD: /sbin/shutdown -h now
```

許可するコマンドが複数ある場合はコンマ区切りで並べます。また、エイリアスを用いてコマンドをグループ化することもできます。

コード 4-5-3
```
Cmnd_Alias SSH_CMD = /usr/bin/ssh,/usr/bin/ssh-keygen -R
opeuser ALL=(root)   NOPASSWD:SSH_CMD
```

コード4-5-3では、opeuserユーザにsshコマンドと「ssh-keygen -R」コマンドのみをパスワードなしで許可しています。

4 嫌われがちだが実は優れもののLinux拡張機能

6 SELinux

:::強力なアクセス制御を提供:::

　SELinuxはLinuxの拡張機能で、強力なアクセス制御によるセキュリティ機能を提供します。ファイルやプロセスにコンテキストというラベル付けを行い、事前に定義されたポリシーに基づき、ホワイトリスト方式によりファイルやポートへの最低限のアクセスを許可します。

　SELinuxの保護機能は強力で、パーミッションでは許可されているファイルへアクセスや、ファイアウォールで許可されているポートへの接続であっても、コンテキストに適合しない場合はアクセスが拒否されます。

　たとえば、Webサーバは通常ドキュメントルート（Apacheであれば/var/www/html/）を参照しますが、Webサーバの脆弱性などで、無関係なディレクトリにあるファイルへのアクセスが試みられても、明示的に許可を行っていなければSELinuxによりアクセスが拒否されます。よって、パーミッションの設定に不備があったり、後述する脆弱性により通常のアクセス制御が効かなかったりする場合にも、SELinuxにより安全性が高まります。SELinuxが有効になっているかどうかは、getenforceコマンドで確認します。コマンドの出力の意味は次のとおりです。

- Enforcing：SELinuxによるアクセス制御が有効
- Permissive：監査ログを残し、アクセス制御は無効
- Disabled：SELinuxが無効

　一時的に設定を変更するには、setenforceコマンドを使用します。また、起動時に/etc/selinux/configが読み込まれるので、再起動後も設定を

有効にしたい場合はこのファイルの「SELINUX=」の部分を編集します。

SELinuxによる監査ログ

　SELinuxによる監査ログは、/var/log/audit/audit.logに出力されます。アプリケーションが権限まわりのエラーを吐いて正常に動作せず、SELinuxによるアクセス制御が原因と疑われる場合は、この監査ログを参照し、必要なルールを追加するとよいでしょう。アプリケーションが思うように動作しないなどの理由でDisabledにする例を見かけますが、監査ログを残す観点から、むやみに無効にせず、Permissiveにすることを推奨します。筆者は、踏み台サーバなど、ユーザに許可したい挙動や動作するプロセスが極めて限定的な場合にはEnforcing、それ以外の場合はPermissiveに設定するようにしています。

4 サーバの認証と盗聴防止に役立つ

7 SSL

SSLの役割

　SSL（Secure Socket Layer）、および後継規格のTLS（Transport Layer Security）は、インターネット上のセキュリティ規格です。HTTPS / SMTPS / POPS / IMAPS / FTPS などのプロトコル名の末尾の「S」は over SSL の略で、それらの通信をSSL上で行っていることを意味しており、従来のプロトコルをセキュリティ的に強化したものといえます（図4-7-1）。

　SSLの役割は大きく分けて2つあります。

- サーバを認証すること
- データの盗聴・改ざんを防ぐこと

図4-7-1　HTTPSの有用性

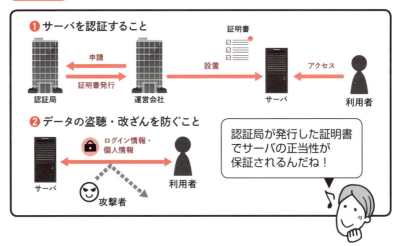

これらの役割を実現するために、簡単にSSLの通信の流れを追っていきましょう。暗号スイート（Cipher Suite）の交渉、鍵交換、暗号化通信という3つのフェーズに分けて説明します。暗号スイートとは、鍵交換に使用される暗号化アルゴリズム、サーバ認証に使用される暗号化アルゴリズム、通信の暗号化に使用するアルゴリズム、改ざん検知に使用するメッセージのハッシュ化アルゴリズムの組み合わせのことをいいます。SSL通信の最初のフェーズでは、使用する暗号スイートの決定を行います。暗号スイートの交渉では、クライアントはリクエストを送信する際に、自身が対応可能な暗号スイートの一覧をサーバに送信し、サーバはその一覧の中から対応可能なもののうち、もっとも安全な組み合わせを選び、クライアントに通知します。その際、サーバ証明書をクライアントに送信します。

SSLのバージョン・暗号スイートの設定を見直す

　鍵交換のフェーズでは、暗号化通信に使用する共通鍵をサーバ・クライアント間で交換します。共通鍵の元を公開鍵で暗号化して送信する方法と、サーバからクライアントに送信するパラメータを利用して共通鍵を生成する方法があります。

　暗号化通信のフェーズでは、メッセージに付加されるハッシュ値をチェックすることにより、途中でメッセージが改ざんされていないか検証します。コンピュータの能力は常に向上しているため、莫大な計算によって行われる解析に対する暗号化やハッシュ化のアルゴリズムの強度は相対的に下がっていきます。時代によって推奨されるアルゴリズムと推奨されないアルゴリズムが出てきますので、ときどき暗号スイートや使用可能なSSLのバージョン設定を見直されることを推奨します。SSL Labsなどのサービスは、自身の管理するWebサーバのホスト名を入力すると、SSL証明書の含め、SSL設定を検証・評価してくれるので、こういったサービスを利用するのもよいでしょう。

参考URL **SSL Labs**
https://www.ssllabs.com/ssltest/

4 サーバを本物だと証明する

8 SSL証明書

サイトの信頼性を上げる

　SSL証明書は、信頼できる第三者である認証局（CA：Certificate Authority）が、そのサーバの所有者が本物であるという証明を記録したデジタルデータで、認証局により発行され、サーバに設置してクライアントが検証します。

　ドメインの認証の厳密さによって、次に示すようなDV・OV・EVという3つのレベルがあります。

- DV（Domain Validation）：ドメインの認証
- OV（Organization Validation）：ドメイン所有企業の実在性を認証
- EV（Extended Validation）：ドメイン所有企業の実在性をより厳しく認証

　EV証明書が設置されているサイトにアクセスした場合、ブラウザのアドレスバーが緑色になり、サイトを運営している企業名が表示されます。厳密な証明書では登記情報の審査が必要になるなど手続きが大変になり、証明書の発行手数料が高額になる一方で、証明書としての価値が高まり、信頼性は向上します。証明書を選ぶ際には、使用する目的とコストのバランスで選ぶようにします。

　証明書には、①ドメイン名や組織名などの証明書の発行対象に関する情報、②サーバの公開鍵、③証明書のデジタル署名が含まれています。証明書のデジタル署名は、認証局の秘密鍵で生成されるため、認証局の公開鍵でしか復号できない特性を利用して、証明書自体の正当性を証明

するのに使われます。

認証局の公開鍵

　認証局の公開鍵を取り出すためには認証局自体の証明書を使用しますが、この証明書自体の検証のためにより上位の証明書を使用するなど、証明書は階層構造になっています。証明書のなかでも、下位の証明書の正当性を証明する証明書のことを中間証明書といい、証明書の階層構造の最上位で、認証局自体を証明する証明書をルート証明書といいます。通常、中間証明書はサーバの証明書と一緒にサーバに設置され、ルート証明書はあらかじめブラウザにインストールされています。

　ブラウザはサーバから証明書を受け取ったら、最上位の証明書まで証明書の階層構造をたどりながら検証し、正しく検証できなかった場合は警告を行います。

図4-8-1

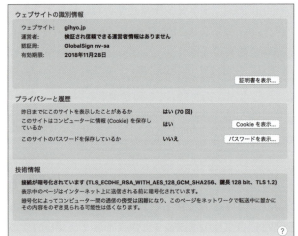

ブラウザの機能を利用すると、証明書や使用されている暗号スイートに関する情報を知ることができる。

無料の「オレオレ証明書」は警告が表示される

　証明書はopensslコマンドを使うことで自分でも簡単に発行することができます。この証明書は自分自身を認証局として証明書を発行するので、「自己署名」「オレオレ証明書」などといいます。「オレオレ証明書」を設置したサイトをブラウザで表示しようとすると、証明書の認証局を証明する証明書がブラウザに存在しないので、当然警告が表示されます。

　自身で管理・使用するシステムならそれで問題ないかもしれませんが、一般に公開するシステムで警告が出ていたらユーザは離れてしまうでしょう。一般に証明書は年間数千円〜数十万円ほどのコストがかかりますが、次節で紹介するLet's Encryptを使用すると、無料でDV証明書を取得することができます。

4 無償で便利な証明書

9 Let's Encrypt

Let's Encryptの使い方

　Let's Encryptは、ISRG（Internet Security Research Group）という非営利法人が運営する認証局です。誰でも無償で利用することができ、証明書の発行から更新までコマンドライン上で行えて、さらにはcronなどを利用することで自動化することも可能です。

　Let's Encryptの証明書の有効期限は90日間ですが、cronやジョブスケジューラで更新コマンドとWebサーバの再読込を実行することで、サービスを中断させることなく、無償の証明書を利用し続けることができます。

　Let's EncryptはACMEプロトコルという、証明書を無人かつ自動で発行するためのプロトコルを使用してサーバ所有者情報を検証し、証明書を発行します。certbotコマンド[1]を使用して証明書の発行・更新を行うことができます。certbotコマンドにはApacheやNginxに対応した、Webサーバの設定まで行ってくれるプラグインもありますが、すでに稼働しているWebサーバで作業を行う場合、webrootプラグインを使用するのがよいでしょう。次に、webrootプラグインを利用した場合の挙動を簡単に説明します。

　Webサーバのドキュメントルート以下にLet's Encryptのプログラムが一時ファイルを設置します。発行対象のドメインに対してLet's EncryptのサーバからWebサーバにリクエストを行い、そのファイルにアクセスし、Let's Encryptを実行したサーバが発行対象となるドメインのものであることを検証します。すでに稼働しているWebサーバを利用して認証を行うので、既存のサービスを長時間停止することなく証明書を設置・更

---

[1]：letsencrypt-auto、certbot-autoといったコマンドが紹介されてきたが、執筆時点での公式ドキュメント推奨コマンドはcertbot。

新できます。webrootプラグインを使用する場合は、以下のようにcertonlyサブコマンドで証明書を発行することができます（コード4-9-1）。

コード 4-9-1
```
certbot certonly --webroot -w 対象ドメインのドキュメントルート
 -d 対象ドメイン -m メールアドレス --agree-tos
```

発行された証明書と秘密鍵は、/etc/letsencrypt/live/<対象のドメイン>にシンボリックリンクが作成され、ファイルが更新されてもこのパスは使い続けられます。Apacheではcert.pemとprivkey.pemを、Nginxではfullchain.pemとprivkey.pemを設定します。そのままの設定で証明書を更新する際は、renewコマンドで更新できます（コード4-9-2）。

コード 4-9-2
```
certbot renew
```

Let's Encryptのテクニック

ここで、Let's Encryptのちょっとしたテクニックを紹介します。

HTTPからHTTPSにリダイレクトしている場合

Let's EncryptのチャレンジリクエストはHTTPで行われ、HTTPSにリダイレクトされるとエラーになってしまいます。そこでlocationディレクティブを使用して、チャレンジリクエストに使用される/.well-known/acme-challenge/以下に関してはHTTPのまま特定のディレクトリをドキュメントルートにするようにします（コード4-9-4参照）。

複数のドメインを含む証明書を発行したい場合

webrootプラグインで1つの証明書に複数のドメインを追加したい場合は、そのドメインに対応するドキュメントルートをドメインの前で指定する必要があります。このとき、ドキュメントルートが共通の場合は省

略することができ、ドメインの指定はコンマ区切りで行うことも可能です。したがって、以下の3つのコマンドは同様に扱われます（コード4-9-3）。

コード 4-9-3
```
certbot certonly --webroot -w /var/www/html/ -d a.
example.com -w /var/www/html/ -d b.example.com

certbot certonly --webroot -w /var/www/html/ -d a.
example.com -d b.example.com

certbot certonly --webroot -w /var/www/html/ -d a.
example.com,b.example.com
```

執筆時点ではLet's Encryptはワイルドカード証明書[※1]に対応していませんが、このことを使って、以下のように発行したいすべてのドメインに対するチャレンジリクエストのドキュメントルートを共通化しておき、必要なサブドメインを列挙して、それらに対して有効な証明書を発行することができます（コード4-9-4）。

コード 4-9-4
```
server {
    listen 80;
    server_name *.example.com;

    proxy_set_header    X-Real-IP         $remote_addr;
    proxy_set_header    X-Forwarded-For   $proxy_add_x_
forwarded_for;
    proxy_set_header    Host              $http_host;
    proxy_set_header    Upgrade           $http_upgrade;
    proxy_set_header    Connection        "Upgrade";
    proxy_redirect      off;
    proxy_max_temp_file_size    0;

    location / {
```

※1：*でマッチする、すべてのサブドメインに対して有効な証明書のこと。

```
            if ($http_x_forwarded_proto != https) {
                return 301 https://$host$request_uri;
            }
        }
        location ^~ /.well-known/acme-challenge/ {
            root /usr/share/nginx/html/;
        }
    }
```

　証明書に表示されるサブドメインは、webrootプラグインのdオプションで指定した1番目のドメインが代表のドメインとなり、certbotコマンドで操作する対象を区別するdomain-nameオプションで指定するのに使用するほか、発行された証明書が設置されるディレクトリ名にもなります。

証明書の更新の自動化と監視

　certbot renewコマンドを使用すると、そのサーバで発行した証明書のうち、有効期限まで30日を切っているものを再発行します。qオプションはエラー時以外の出力を抑制します。post-hookオプションは、証明書の更新が成功したときのみ実行されますので、そこでコンフィグチェックとリロードを行い、新しい証明書を読み込みます。

コード 4-9-3
```
certbot renew -q --no-self-upgrade --post-hook "nginx -t
&& systemctl reload nginx"
```

　公式のドキュメントにはこれを1日2回、ランダムな時刻に行うことを推奨とありますが、cronやジョブスケジューラで毎日実行でもよいでしょう。Zabbixなどで証明書の有効日数を30日未満の値を閾値に設定し監視すれば、万一、更新や再読込に失敗し続けていても、期限切れになる前に対応できます。

4 攻撃に使用するシステムの欠陥

10 脆弱性

脆弱性とは

「星の数ほどあるサーバの中から、自分のサーバが狙われることはないだろう」と思う人もいるでしょう。

サイバー攻撃は、特定の組織に対して標的を定めた攻撃だけでなく、最近は検索エンジンで脆弱性のあるバージョン固有の文字列を検索するなどして、脆弱なシステムを抽出する攻撃も流行ってきており、脆弱性を利用した攻撃は他人事ではなくなってきています。本節では、脆弱性とはどんなものか、どういったところに発生するのか、脆弱性の対処方法について解説します。

攻撃に利用できるシステムの弱点を脆弱性（vulnerability）といいま

図4-10-1 **脆弱性とは**

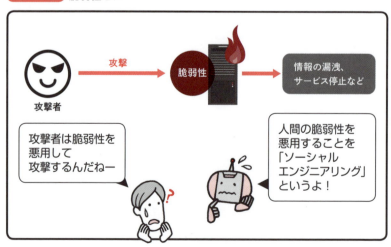

脆弱性 10

す。攻撃者は脆弱性を利用して、サービスを停止したり機密情報を抜き取ったりします。そのため、脆弱性について理解し対策することは、サイバー攻撃を防ぐうえで重要といえます。

　脆弱性は、ソフトウェアのバグであることが多いですが、ソフトウェアに限らず、ハードウェアに存在することもあります[※1]。また、広い意味で言えば脆弱性は人間にも存在します。最近はあまり見かけなくなりましたが、PCの画面にIDとパスワードを書いた付箋を貼る人や、機密情報をシュレッダーに書けずにゴミに捨てる人など。人に存在する脆弱性を突く攻撃のことを「ソーシャルエンジニアリング」といいます（図4-10-1）。

　このあとの4-11節から4-13節で、脆弱性がどこに発生するのか、どのように悪用されうるのか、脆弱性とどう向き合って行くべきかを解説します。

※1：本稿の執筆時点では、SpectreとMeltdownというCPUに存在する脆弱性が話題でした。
https://meltdownattack.com/

4 脆弱性の組み合わせで被害が大きくなることも

11 脆弱性の発生箇所

脆弱性はあちこちに生じる→多種のレイヤーで対策

　脆弱性はOSやミドルウェアに限らず、それらの上で動作するアプリケーションにも発生することがあります。図4-11-1に一般的なWebサーバの構成を示しました。1台のサーバでアプリケーション、Webサーバ、DBが動いています。

　ここで、Webアプリケーションのログイン画面の部分にSQLインジェクションの脆弱性があり、ユーザDBから情報を抜き取れてしまう状態だったとしましょう。Webアプリケーションを自作していた場合など、すぐにWebアプリケーションの脆弱性修正版が用意されて、アップデートできる状況ならよいですが、そうでない場合もあります。Webアプリ

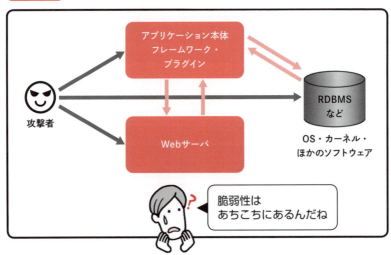

図4-11-1 脆弱性の発生箇所

ケーションの脆弱性はWebアプリケーションでしか対策できないのでしょうか。

WAF（Web Application Firewall）を導入することで、問題を回避できる場合があります。WAFは、Webサーバへのリクエストを解析し、有害なリクエストを遮断する機能を提供するものであり、オープンソースのWebサーバモジュールから、より多機能でパフォーマンスに優れた専用のハードウェアまで存在します。

また、別の例として、ルータの設定画面のように、対象ホストに対してpingを打てるWebアプリケーションがあったとしましょう。このアプリケーションにOSコマンドインジェクションの脆弱性があり、任意のOSコマンドを実行することができてしまいました。さらに、攻撃者はWebアプリケーション実行ユーザで攻撃コードをダウンロードし、それを実行することでOSの脆弱性を突き、管理者権限を奪取することができてしまいました（図4-11-2）。この場合は、Webアプリケーションの脆弱性が直接的な原因ではありましたが、Webアプリケーションの実行ユーザの権限が制限されていれば、こういう結果にならなかったはずで

図4-11-2 Webアプリの脆弱性なのにOSが乗っ取られる？

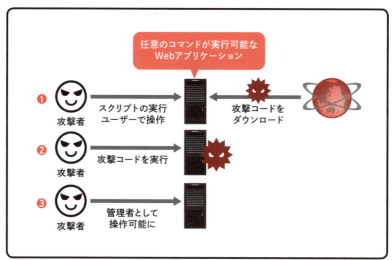

す。

　このように、Webアプリケーションやネットワーク、OSのなど複数のレイヤーにわたってセキュリティ対策を強化することを多層防御といいます。多層防御は、万一対象のレイヤのセキュリティ対策が破られてしまった場合や、対象のレイヤですぐに対策を行うことが難しい場合などに有効ですので、できる対策を組み合わせてセキュリティをより高めていきましょう。

4 脆弱性や設定不備が原因

12 DoS攻撃

脆弱性や設定の不備で攻撃に加担してしまうことも

　大量のリクエストを送ったり、高負荷な処理をサーバに行わせたりすることで、サービスを維持できなくする攻撃を、DoS攻撃（Denial of Service Attack：サービス拒否攻撃）といいます。ここでは、DoS攻撃の一種であるリフレクション攻撃を取り上げます。

　DNSやNTPといったUDPを使ったプロトコルでは、送信元のIPアドレスを偽装できてしまうので、攻撃者は公開されているサーバに対し、送信元を攻撃対象のIPアドレスに偽装してリクエストを送信します。

　すると、サーバはリクエストの送信元IPアドレスを見て攻撃対象にレスポンスを送信してしまいます。レスポンスが攻撃者ではなくサーバを反射して攻撃対象に届く構図から、このような攻撃は「リフレクション攻撃」と呼ばれます。攻撃者がサーバに送るリクエストよりもサーバが攻撃対象に送るレスポンスの方のサイズが大きいため、少量のリクエストのパケットで攻撃対象はパケットを捌き切れなくなりダウンします。このような攻撃は、パケットの量が増幅することから、一般に「アンプ攻撃」（増幅攻撃）とも呼ばれます。

　一例として、あなたの管理するDNSサーバが外部からの再帰問い合わせに応じる設定になっていたとしましょう（図4-12-1）。攻撃者は攻撃者のDNSサーバに、攻撃に使用するドメインのTXTレコードを登録します。そしてあなたのDNSサーバに対して、送信元を攻撃対象に偽装したリクエストを送信します。あなたのDNSサーバは攻撃者のDNSサーバに対象に対して問い合わせを行い、その結果を攻撃対象のサーバに返します。同様の状態のサーバが複数台あり、DDoS攻撃（Distributed DoS

図4-12-1 DNSリフレクション攻撃

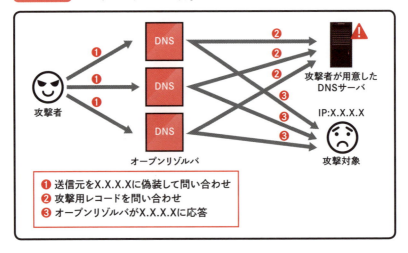

❶ 送信元をX.X.X.Xに偽装して問い合わせ
❷ 攻撃用レコードを問い合わせ
❸ オープンリゾルバがX.X.X.Xに応答

Attack：分散DoS攻撃）の状態になってしまい、攻撃対象のサーバがダウンしてしまいました。

　何が問題だったのでしょう。あなたのDNSサーバが外部からの再帰問い合わせに応じる設定だったため、あなたのDNSサーバはあなたが管理していないドメインに関しては外部に問い合わせを行ってしまいます。そして、あなたが用意していない、サイズの大きなレコードを攻撃対象に送りつけてしまうことになってしまうのです。

　設定に不備があったため、あなたの知らないうちにDoS攻撃に荷担してしまっていたのです。このような設定のDNSサーバをオープンリゾルバといい、家庭用ルータなどで意図せず公開されているオープンリゾルバがDDoS攻撃の温床になっていると指摘されています。

　したがって、対策としては外部からの問い合わせに応答しないようにする、もしくは外部に公開する必要があるのであれば、外部からの再帰問い合わせに応答しないように設定する、といった対策が有効です。

　また、似たような状態でDDoS攻撃になりやすいものとして、NTPプロトコルを利用した攻撃もあります。この原因は、NTP問い合わせに応答するプログラムであるntpdの状態をリモートから確認できるmonlistとい

う機能に存在する脆弱性によるものですので、ntpdを脆弱性が修正された4.2.7p26にアップデートするか、monlist機能を無効にすることで対策できます。

4 どうやって知り、どう向き合うのか

13 脆弱性の発生と情報の収集

脆弱性が発生する理由とゼロデイ攻撃

　脆弱性は、設計段階で想定が甘かったために実装時から潜在的に存在していたものもあれば、仕様変更などにより、あとから生まれてしまうものもあります。脆弱性を発見した人がセキュリティエンジニアや良心的な攻撃者であれば、開発者に報告したり、（オープンソースのものであれば）自分で修正したりすることで、次期リリースで改善され、情報が公開されるので対策が行いやすくなります。

　しかし残念なことに、脆弱性の対策済みバージョンがリリースされる前に発見者が脆弱性の詳細や攻撃方法を公開してしまう場合があります。このようにして、脆弱性が公開されてから修正版がリリースされるされるまでに、その脆弱性を狙った攻撃が行われることがあります。

　この攻撃をゼロデイ攻撃といい、攻撃が観測され始めると緩和策などが公開されることが多いので、注視しておく必要があります。

脆弱性情報を収集して対策を考えよう

　脆弱性には、直ちに大きな影響があるものから、特定の環境でしか影響を受けないものまであります。ですから、「〇〇の脆弱性が公表されたから、すぐにアップデートしなければ」というように焦る必要はありません。脆弱性を突いた攻撃が特殊すぎて攻撃が成立しにくい場合は緊急性が低いと判断し、サービスを継続しながら計画的に対処することができるからです。逆に、簡単に攻撃が成立してしまい、守るべきものも重要だった場合は、①緊急でメンテナンスを行う、②直ちに緩和策を実施

する、③脆弱性が修正できるまでサービスを停止する、といった選択肢を取ることになります。

　自身の管理するシステムへの影響を評価するためには、脆弱性情報の収集が必要です。影響度の大きな脆弱性が報告されると、影響を受けるソフトウェアのバージョンと攻撃の発生条件や重要度、対策方法などとともに、CVE（Common Vulnerabilities and Exposures：共通脆弱性識別子）や、JVN（Japan Vulnerability Notes）といった脆弱性データベースにまとめられます。

　脆弱性に関する情報を収集し、理解する上で有益なサイトをいくつか紹介します。

> **参考URL** Security Focus
> http://www.securityfocus.com/

> **参考URL** MyJVN iPedia 脆弱性対策情報データベース
> http://jvndb.jvn.jp/index.html

> **参考URL** piyolog
> http://d.hatena.ne.jp/Kango/

> **参考URL** twitterセキュリティネタまとめ
> http://twitmatome.bogus.jp

　「Security Focus」は、ベンダー別、製品別などに広範囲の脆弱性を網羅しています。「MyJVN」は、日本で使用されるソフトウェアの脆弱性情報が充実しており、日本語で利用できます。「piyolog」は個人ブログですが、脆弱性情報に限らずセキュリティインシデントのまとめなども充実していて勉強になります。「twitterセキュリティネタまとめ」は、セキュリティエンジニアのツイートから流行を追いかけるのに便利です。

脆弱性情報の収集の自動化

脆弱性情報を調査して、その影響を正確に判断するには、自身が管理するシステムでどの製品のどのバージョンが使用されており、どのような構成になっているかをしっかり把握しておく必要があります。

しかし、1台のサーバ内でも多くのソフトウェアが稼働しているのに、システムを構成する多数のサーバのバージョンを把握し、脆弱性情報を収集するのは大変なことです。パッケージ管理システムでインストールされたソフトウェアのバージョン情報から、脆弱性情報を収集・管理してくれるvulsというオープンソースのソフトウェアがあります。

> 参考URL vuls
> https://vuls.io/

vulsはCVEやJVNといった脆弱性情報を収集したものを格納しておき、対象サーバにsshで接続し、パッケージ管理システムからインストールされているソフトウェアのバージョンを調査・照合します。

vulsには収集した情報を表示できるTUIのほか、メールやチャットツー

図4-13-1 vulsの構成

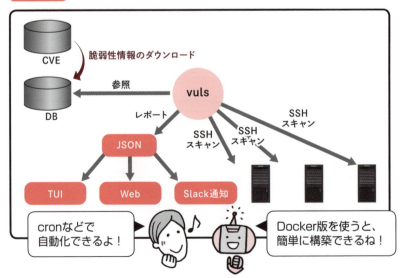

ルであるSlackに通知する機能を備えているため、cronなどで定期的にスキャンし、自分のSlackチャンネルに流すことができます。さらに、プラグインであるVulsRepoを使用すると、WebUIから見やすく脆弱性情報を確認することも可能です（図4-13-1）。

図4-13-2 **VulsRepo**

脆弱性情報を見つけたら

脆弱性を見つけたら、IPA（独立行政法人情報処理推進機構）通報窓口に通報しましょう。大手企業など、問い合わせ窓口が脆弱性情報を取り合ってくれない場合もありますが、IPAやJPCERT/CCが開発者との間に入り、報告者の代わりに報告と修正依頼を出してくれる場合もあります。最近では、脆弱性を発見した人に開発元の企業が報奨金を支払うケースも増えてきています。

参考URL **情報処理推進機構 脆弱性関連情報の届出受付**
https://www.ipa.go.jp/security/vuln/report/

参考URL **マイクロソフト 報奨金プログラム**
https://technet.microsoft.com/ja-jp/library/dn425036.aspx

参考URL **サイボウズ 脆弱性報奨金制度**
https://cybozu.co.jp/products/bug-bounty/

中間者攻撃とDDoS攻撃

ネットワーク上の脅威

中間者攻撃

　通信している2者間に悪意を持った第三者が送信者・受信者になりすまし、通信を盗聴・改ざんする行為のことです。マン・イン・ザ・ミドル攻撃とも呼ばれます。通信が公開鍵暗号の場合でも攻撃が可能で、ユーザからは何の問題もなく通信できるため、攻撃に気づきにくいという特徴があります。攻撃を防ぐためには、デジタル証明書でデータ送信者の確認を行ったり、メッセージにデジタル署名を行ったりすることで改ざんを検知できる対策を講じる必要があります。

DDoS攻撃

　攻撃先サーバのサービスダウンを狙う攻撃です。DDoS攻撃にも送信元のIPアドレスを偽装するタイプ、偽装しないタイプの2種類存在します。偽装しないタイプは、トラフィック量こそ少ないものの、TCPのセッションを大量に確立させることで相手のサーバを手一杯の状況へ追い込みます。
　偽装するタイプは、セッションの概念がないUDPのパケットを大量に送りつけ、ネットワークの帯域を溢れさせてサービスダウンを引き起こします。パケット転送を中継するルータでは、送信元を偽装しても正しく相手まで配送できるTCP/IPの特徴を逆手に取って、攻撃者はまったく別の国や別組織が持っているIPアドレスを送信元として利用します。DNSAmp攻撃、NTP monlist攻撃が代表的で、これらは1パケットのリクエストに対するレスポンスの量が多い（約3倍以上）ため、少ないリ

クエスト量で大量に攻撃パケットを生成でき、効率的な攻撃が可能なのです。

また、偽装・非偽装の両者に共通しているのは、大量の通信を発生させるために、まずはさまざまな手段（メールやWeb）でBOTウイルスに感染させ、被害者のパソコンを利用して巨大なBOT-NETを構築して攻撃を行うことがよく知られています。パソコンを乗っ取られて加害者にならないよう、普段からパーソナルファイアウォールやOSの状態を最新に保つことや、怪しいメールなどを開かないなど、技術だけでなくセキュリティ意識とリテラシーを持つことも必要です。

図4-17 さまざまなネットワーク上の脅威

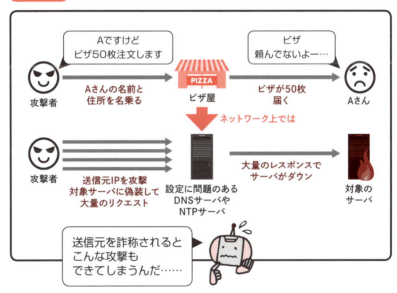

4 利便性と安全性のバランスが大切

15 sshポート変更の有効性

sshdのポート変更はムダ

　ssh（Secure SHell）は、対象ホストをネットワーク越しに操作するプロトコルです。sshからの接続要求を処理するsshd（ssh daemon）は通常22/tcpで待ち受けていますが、このようによく知られているポート（Well Known Port）で接続を待ち受けていることは安全ではないため、待ち受けるポートを変更する例を見かけます。これは果たして安全なのでしょうか。

　例として、CentOS7でsshdを、よく変更されるポート番号である10022/tcpに変更し、firewalldで22/tcp、10022/tcp、33322/tcpを空けたサーバに対してnmapを使って、ポートスキャン[1]を行ってみました（コード4-15-1）。

コード 4-15-1

```
[root@ssh taku]# nmap -sS 192.168.11.46 -p-

Starting Nmap 6.40 ( http://nmap.org ) at 2017-11-14 07:
09 JST
Nmap scan report for 192.168.11.46
Host is up (0.00042s latency).
Not shown: 65532 filtered ports
PORT      STATE  SERVICE
22/tcp    closed ssh
10022/tcp open   unknown
```

---

[1]：単一、または範囲で指定したプロトコル・ポートに対してパケットを送り、応答を確認することにより、ファイアーウォールやサービスの設定などを知るための行為。トラブルシューティングのため一般的な行為ではあるが、他人が管理するシステムに対して行うと攻撃とみなされる場合がある。自身の管理するホストに対して実行する際でも、パブリッククラウドなどでは事前に連絡が必要なケースがあるので注意。

```
33322/tcp closed unknown
MAC Address: 36:66:36:4C:4E:21 (Unknown)

Nmap done: 1 IP address (1 host up) scanned in 144.12
 seconds
```

　ポートスキャンの結果、22/tcp、10022/tcp、33322/tcpが空いていることがわかりました。この時点では空いているポート番号しかわからないものの、サービス検出機能を使うことにより、sshが動いていることがわかります（コード4-15-2）。

コード 4-15-2

```
[root@ssh taku]# nmap -sV -p 10022 --allports 192.168.11.
46

Starting Nmap 6.40 ( http://nmap.org ) at 2017-11-22 15:
18 JST
Nmap scan report for 192.168.11.46
Host is up (0.0015s latency).
PORT      STATE SERVICE VERSION
10022/tcp open  ssh     OpenSSH 7.4 (protocol 2.0)
MAC Address: 36:66:36:4C:4E:21 (Unknown)

Service detection performed. Please report any incorrect
results at http://nmap.org/submit/ .
Nmap done: 1 IP address (1 host up) scanned in 0.24 seconds
[root@ssh taku]#
```

　以上のことから、攻撃者が悪意をもって試みれば、sshのポートを調べることが可能ということがわかりました。実際のサーバが必ずしもこの実験のようなシンプルな構成であるとは限りませんが、学校や会社などのセキュリティポリシーによりWell Known Port宛の通信しか許可されていないような環境下からsshする場合は22/tcpが便利ですし、接続元の限定やパスワード認証の無効化、rootログイン禁止などである程度の安全性は確保できると考えます。

一方で、Well Known Portである22/tcpに対してはbotのようなアクセスが多くなる傾向にあり、接続を拒否するのに割くリソース、ログの容量がもったいないという意見もあります。

ちなみに、筆者は22/tcpから変更すると不便なことが多かったので、sshへの攻撃によるアクセス過多で高負荷になったら変更することを検討してもよいと考えています。

4 破られないようにするには

16 パスワード

不正ログインの可能性を減らす

　パスワードはさまざまな場面で使用されます。インフラエンジニアにとってのパスワードとは何でしょうか。サーバにsshするユーザのパスワード、DBに設定するパスワードなどを思いつくかもしれません。インフラエンジニアは、ユーザーの認証情報を保管するシステムの管理者という立場であるとともに、システムにパスワードを設定するという、利用者の立場でもあります。

　パスワードへの攻撃を大まかに分類すると[1]、何らかの方法で入手したアカウントとパスワードのリストを試すタイプの攻撃と、アカウントやパスワードに多数の文字の組み合わせ（0000,0001,0002……など）を試行するタイプの攻撃があります。前者はほかのシステムから流出したリストを用いたり、よくアカウントに登録されがちな組み合わせ（たとえば、admin/passwordなど）のリストを試したりすることから「リスト型攻撃」と呼ばれ、後者はユーザ名またはパスワードを固定して、もう一方にあらゆる文字列組み合わせて試行することから「総当り攻撃」（ブルートフォース攻撃）と呼ばれます。

　このことから、次の3つを満たしていれば、不正にログインされる可能性を大幅に減らせるということがいえます。

正しい認証情報が漏れていない

　自システムから正しい認証情報が漏れないようにアクセス制限やパーミッションの設定、暗号化・ハッシュ化などの対策を行っていたとしても、同じID、パスワードが設定されている別のシステムから認証情報が

※1：今回はオンライン／オフラインといった攻撃のタイプでの分類ではなく、組み合わせの試行の観点で分類した。

漏洩していて、自システムでログイン試行された場合はログインが成功してしまいます。システムごと、サービスごとに認証情報を使いまわさないようにするのと同時に、ユーザに使いまわさせないシステム作りを意識しましょう。

　また、可能であれば、2要素認証（2段階認証）を使用するようにしましょう。2要素認証とは、パスワード以外に本人しか知り得ない情報を使った認証のことです。これにより、万一パスワードが流出してしまっても、本人以外ログインできなくなります。認証に使用する情報でよく用いられるのがTOTPなどのワンタイムトークンで、これは時間とともに変化するので、より安全です。インターネット上のサービスでも利用できるサービスが増えてきましたし、WordpressなどのCMSでもプラグインにより対応が進んできています。

パスワードが十分強固なものである

　強固なパスワードとは、いったいどんなものでしょうか。オンライン、オフラインの攻撃ともに、試行回数を増やすためには文字列長を長くし、文字種を増やすほどよいです。また、辞書に載っているような一般的な単語は試行されやすいので使用すべきではありません。よくパスワードに設定されがちな弱いパスワードは公開されているのでチェックしておき、登録するのは避けましょう。パスワードの強度を測定できるサイトやツールを活用しましょう。

> **参考URL** Announcing our Worst Passwords of 2016
> https://www.teamsid.com/worst-passwords-2016/?nabe=4561770576609280:1,5716650381017088:0,5767892520140800:2

> **参考URL** Kaspersky Lab SECURE PASSWORD CHECK
> https://password.kaspersky.com/jp/

　完全にランダムな文字列が理想ですが、文字列のうち核となる部分と変化する部分をつくり、変化する部分に自分だけがわかる変化の規則性をつけるのもよいでしょう。また、パスワード管理ソフトを利用するの

もおすすめできます。

一定回数のログイン試行を誤ると、システムが次の試行をロックする

この仕組みは、オンラインバンキングなどのログイン画面に導入が進んでいますが、パスワードなどを間違って入力し続けると一定時間ログインを拒否されたり、CAPTCHA[※1]画面が表示されるなど、システム側でそもそもの試行可能回数を減らすことで、不正にログインされる可能性を低減することができます。

また、専用のソフトウェアを導入することで、sshやftpなどへのパスワード攻撃を緩和することができます。

fail2banはログを分析して定義に基づき、ログイン試行回数に応じてアクセス元IPからの接続を一定期間遮断するルールをアクセス制限に追加してくれるソフトウェアです。失敗回数をカウントする時間、失敗回数の閾値、遮断する時間、ルールを追加する先を設定します。デフォルトでは、sshへのログインが10分あたり5回失敗するとfirewalldにルールが追加され、アクセスが制限されます。

図4-16-1 強力なパスワード

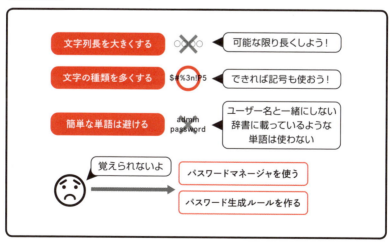

※1：変形した文字など、人間にしか読めない文字の画像を表示し、それに写っている文字列を入力させることにより、機械的なリクエストを弾く仕組み。

パスワードの定期変更は有効か

　ISMS（Information Security Management System：情報セキュリティマネジメントシステム）のために自主的にセキュリティ対策の取り決めを策定したり、システムの運用ポリシーを決めるに当たって、パスワードの定期変更を強制したりすることがあります。筆者は、ほとんどのケースにおいて、定期変更を強制する理由に説得力がなく、これは悪い風習だと考えます。パスワードは攻撃耐性を高めるため、本来複雑な文字列であるべきですが、定期変更を強いることにより、利用者はより安易な文字列を設定したり、サービス間で同じ文字列を使いまわしたりしがちになり、結果として攻撃耐性が下がってしまいます。

　かつては、NIST（National Institute of Standards and Technology：アメリカ国立標準技術研究所）が電子認証に関するガイドラインの中で、パスワードの定期変更を推奨していましたが、2017年にはパスワードの定期変更を求めるべきでないとした[※2]ことで話題になりました。ただし、共有のユーザーアカウントを使用している場合、異動者や退職者が引き続きそのアカウントを使用できてしまわないよう、パスワードを変更すべきであり、異動者、退職者が出るたびに行うのは手間が多すぎるので、省力化のために定期変更するというのは合理的だと思います。

※2：NIST Special Publication 800-63C Digital Identity Guidelines（https://pages.nist.gov/800-63-3/sp800-63c.html）

4 クラウドの裏にある物理面でのセキュリティ

17 データセンタ（DC）の セキュリティ

データをどう守るか

　従来は、サーバやネットワークなどのリソースを利用者が手元に設置し管理を行う「オンプレミス」という形態が主流でしたが、それらをインターネットから操作・管理することができる「クラウド」という形態に移行しつつあります。クラウドのリソースの実体が設置されている場所がデータセンタ（略称、DC）です。

　クラウドを利用することにより、利用者はデータセンタ事業者に物理面での運用コストとリスクを転嫁することができ、データセンタ事業者はインフラを集約し管理することでコストを押さえています。データセンタはユーザのニーズに応えられるよう、ISMS（Information Security Management System：情報セキュリティマネジメントシステム）[※1]やPCI DSS（Payment Card Industry Data Security Standard）[※2]などのセキュリティの認証を取得する場合も増えてきています。データセンタはインターネットを支える重大なインフラですので、リソースに対する電源供給・ネットワークの接続性の確保、侵入やテロなどの物理的攻撃への対策を徹底して行います。

　停電の際には石油やガスで動く非常用発電機により、電力を供給できるようにします。非常用発電機に切り替わるまでの間や瞬時電圧低下に耐えられるよう、UPS（Uninterruptible Power Supply：無停電電源装置）を設置し、絶えずリソースに電源を供給できるようにしています。データセンタでは熱を発する機器が大量に稼働していますので、空調が長時間停止してしまうことにより機器の故障の原因となり、サービスの停止につながってしまうため、空調専用のUPSを用意している場合もあ

※1：企業の情報資産の保護に関する企画（https://isms.jp/isms/）
※2：クレジットカード情報に関するセキュリティ基準（http://www.jcdsc.org/pci_dss.php）

ります。

　また、サーバが動作していてもネットワークの接続性が失われてしまうとサービス維持に大きな影響があるので、単一障害点が生じないように、ネットワーク機器・回線の冗長化を行っています。

重要な入退室管理

　データセンタにおけるセキュリティ対策の大きな特徴の1つに「入退室管理」というものがあります。いつ、誰が、どこに立ち入ったかを記録しておき、いざというときのために証拠として保存します。データセンタでは、入館する人の氏名・所属・電話番号などをあらかじめ申請しておかなければなりません。これを入館申請といいます。自身が借りているラックで作業する人だけでなく、データセンタの工事を行う人や見学を行う人も含めて、データセンタ内部に立ち入る人は全員この入館申請が必要になります。そのほか、荷物の運搬などで車両の入構する場合は、入構車両のナンバーの申請が必要なこともあります。

　入館当日はデータセンタの受付で、入館者が入館申請された本人であることを写真付きの身分証や指紋などでチェックされます（図4-17-1）。情報記録媒体の持ち込みに至っても、手荷物検査を行われシリアルナンバーを控え、あとから追跡できるようにするなどの情報漏えい対策を行っているところもあります。サーバルームへのアクセスはさらに制限されます。データセンタが批准しているセキュリティ規格によっては、サーバルームの扉の外からその内部がどの部屋か特定できないよう要請する規格[※3]もあり、サーバルームの部屋の名前をほかの単語でカモフラージュしているところもあります。

　サーバルームに入室する際は、

図4-17-1　フラッパーゲート

※3：FISC安全対策基準（https://www.fisc.or.jp/）

データセンタ（DC）のセキュリティ 17

指紋認証やローターゲートが導入されていて、1人ずつしか入室できないようにしている場合が多いです（図4-17-2）。

図4-17-2 ローターゲート

また、ローターゲートには、一度入室すると、次に退出するまで再入室できない「アンチパスバック」という機能がついていたりします。サーバルームに入室すると、サーバを収容するラックにそれぞれ鍵がついており、自身が作業するラックのみが解錠可能なラックキーを受付などで貸出を受けて作業します。データセンタ内の要所には監視カメラが設置されており、すべての行動が監視・記録されます（図4-17-3）。

そのほか、データセンタには電源設備や回線設備など、データセンタ全体の運用に関わる重要な場所があり、スタッフのカードキーにそれぞれ権限を設定して、アクセスが必要なスタッフのみが入室することができるようになっています。

図4-17-3 監視カメラ

4 自分のサーバの安全性を確認してみる

簡単なセキュリティチェック

セキュリティチェックの流れを理解する

　ここまで、セキュリティ対策はコストと守るべきもののバランスが重要であり、システムにどのような脅威があるかを把握して、どの程度のリスクを許容し、どういった対策を取るか考えるべきである、という話をしました。ここからはより実践的に、自身の管理するサーバにどういう脅威があるか、どういう対策ができるかをチェックしてみましょう。サーバセキュリティのチェック項目を次に解説します。

　具体的な流れは以下のように行います（図4-18-1）。

①把握：システムを構成するソフトウェアと、バージョンを把握する
②調査：バージョンの情報から、公開されている脆弱性がないか調べる
③検査：システムの重要な設定に不備がないかを検査する
④対策：ソフトウェアのアップデートや、設定変更を行う

　理想は、これらを常にPDCAサイクルの要領で回し続けることですが、そこにリソースを割くのが大変な場合は、週に1回など、ポリシーを決めて行うのがよいでしょう。今回は例として、WordPressがインストールされたサーバのVM[※1]を手元に用意しました。

　なお、ここで行うチェックは自身で管理するホストに行ってください。ほかのシステムに対して行うと、不正アクセスとしてみなされる場合があります。

※1：仮想マシン。VPSなどを意識した。仮想環境に関する脆弱性などについては割愛する。

簡単なセキュリティチェック 18

図4-18-1　セキュリティチェックのおおまかな流れ

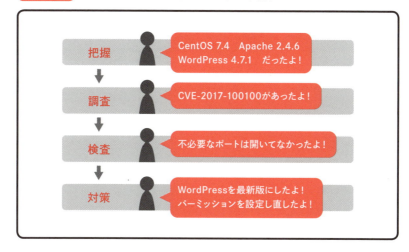

可能なら構築時にドキュメントにまとめておく

　サーバ構築時のドキュメントやログから、インストールしたソフトウェアをどこかのドキュメントに記録しておくのがよいでしょう。すでに構築済みの場合は、パッケージ管理システムで管理しているソフトウェアのバージョン一覧を取得するとともに、手動でインストールしたソフトウェアについても、それぞれの方法でバージョンを調べましょう。

バージョンの把握と脆弱性の調査

　まず使用しているシステム（ハードウェア、ソフトウェア、サーバ）の脆弱性調査を行います。OSのバージョンは「cat /etc/redhat-release」など、カーネルのバージョンは「uname -r」コマンドで調べることができます。この作業はvuls[※2]を使うと簡単になり便利ですが、パッケージ管理されていないソフトウェアは自身で調べる必要があります。CentOSの場合は、「yum list installed」コマンドで調べることができます。システムを構成する要素を列挙しましょう。OS、インストールされていた代

※2：4-13節「脆弱性の発生と情報の収集」を参照。

表的なソフトウェア、追加でインストールしたソフトウェアのバージョンを以下に挙げます。

- CentOS7.4
- httpd-2.4.6
- MariaDB5.5
- wordpress-4.7.1

　それぞれに対して公開されている脆弱性情報がないか確認しましょう。執筆時点ではカーネルのバージョンは3.10.0-693でした。このバージョンはCentOS7の公式パッケージでは最新で、脆弱性は公表されていないようです。httpdのパッケージバージョンは2.4.6-67.el7.centos.6でした。これについても、CentOS7の公式パッケージでは最新であり、脆弱性は公表されていないようです。mariadbのパッケージバージョンは5.5.56-2.el7でした。これについても、CentOS7の公式パッケージでは最新で、脆弱性は公表されていないようです。

　CVEDetails[※3]でwordpress4.7.1を検索してみると、6件の脆弱性がヒットしました。なかでも、CVE-2017-1001000は攻撃者がユーザ認証を行うことなく、投稿されているコンテンツを改ざんすることができ、放置していると大変危険です。公式に最新版へのバージョンアップが推奨されています。

システムを検査する

①認証周りの設定の確認

　sshdの設定ファイルを見てみましょう。CentOS7では、/etc/ssh/sshd_configになります。

※3：4-13節「脆弱性の発生と情報の収集」を参照。

表4-18-1 /etc/ssh/sshd_config 内の代表的なパラメータ

Port	sshdがListenするポート（通常は22）
PermitRootLogin	rootユーザのログイン可否
PubkeyAuthentication	公開鍵認証[※4]を使用するか否か
PasswordAuthentication	パスワード認証を使用するか否か

②パーミッションの確認

WordPressのパーミッション[※5]などの設定については、公式オンラインマニュアルであるCodeXが便利です。筆者の環境では、wp-config.phpのパーミッションが644のままでした。これは、wp-config-sample.phpが644で、コピーして使用したままになっているためと考えられます。

このままでは、サーバにログインできるほかのユーザにDBのパスワードなどを見られてしまう危険性があります。公式の推奨値は400もしくは440ですので、修正が必要です。

参考URL WordPress CodeX 日本語版 ファイルパーミッションの変更
http://wpdocs.osdn.jp/ファイルパーミッションの変更

③SELinuxの状態の確認

コード 4-18-1
```
[root@localhost ~]# getenforce
Disabled
```

SELinuxはDisabledになっていました[※6]。このままでは監査ログが残らないので、Permissiveに変更しましょう。

※4：4-3節「ssh認証方式」を参照。
※5：4-5節「パーミッションとコマンド制限」を参照。
※6：4-6節「SELinux」を参照。

④ファイアウォールの状態の確認

コード 4-18-2
```
[root@localhost ~]# systemctl status firewalld | grep Active
   Active: active (running) since 土 2017-12-02 20:41:23
JST; 1 months 26 days ago
```

firewalldが動作していることがわかりました。ついでに設定を見てみます。

コード 4-18-3
```
[root@localhost ~]# firewall-cmd --list-all
public (active)
  target: default
  icmp-block-inversion: no
  interfaces: eth0
  sources:
  services: dhcpv6-client ssh http
  ports:
  protocols:
  masquerade: no
  forward-ports:
  source-ports:
  icmp-blocks:
  rich rules:
```

dhcpv6-client、ssh、httpのサービスが許可されていることがわかりました。今回は1NIC構成なので、同一ゾーンでsshとhttpが許可されていて問題なさそうです。

⑤ポートスキャン

TCPの全ポートをスキャンしてみて、余計なポートが開いていたり、サービスがLISTENしていたりしないかを調べましょう。nmapを使ってポートスキャンを行っています。-pオプションですべてのポートを対象にしています。

コード 4-18-4

```
[root@ssh taku]# nmap -sS -p- 192.168.11.48

Starting Nmap 6.40 ( http://nmap.org ) at 2017-11-22 23:
18 JST
Nmap scan report for 192.168.11.48
Host is up (0.00046s latency).
Not shown: 65533 filtered ports
PORT   STATE SERVICE
22/tcp open  ssh
80/tcp open  http
MAC Address: 32:AA:C9:28:89:60 (Unknown)

Nmap done: 1 IP address (1 host up) scanned in 146.46
seconds
[root@ssh taku]#
```

　ポートスキャンの結果、ssh用の22/tcp、http用の80/tcpのみがopenになっており、必要最低限のポートが開いていることがわかりました。

　なお、ここでは執筆の都合上、rootユーザで作業していますが、本番環境などではsudoを使いましょう。

　また、インターネット上のサーバからオンラインでポートスキャンしてくれるサービスもありますので、それを利用するのもよいでしょう。

> **参考URL** GRC ShieldsUP!
> https://www.grc.com/x/ne.dll?bh0bkyd2

必要なセキュリティ対策

　以上の結果を踏まえて、サービスを停止した場合や脆弱性を抱えたままサービスを継続した場合の影響がどの程度であるか、サービスの運用ポリシーに照らし合わせながら、セキュリティ対策を検討します。今回のケースでは、アクセス数がそれほど多くなく、数時間停止しても収益にそれほど大きな影響がないことから、直ちに対策を行います。

バージョンアップが必要なもの

執筆時点ではWordPressの最新バージョンは4.9です。WordPressは最新バージョンへのアップデートが公式に推奨されているので、アップデートを行います。もしここで、プラグインやテンプレートなどの都合で最新バージョンへのアップデートを行えない場合は、再度脆弱性調査を行い、プラグインの使用を断念してアップデートを行うか、もしくはそのバージョンに含まれる脆弱性を抱えたままサービスを継続できるかを検討します。筆者の手元の環境では、ブラウザ上からクリック操作のみで最新バージョンにアップデートを行うことができました。

設定変更が必要なもの

SELinuxがDisabledだったので、「setenforce permissive」コマンドで、監査ログを有効化します。さらに、/etc/sysconfig/selinuxを編集し、再起動が発生しても設定が反映されたままになるようにします。また、wp-config.phpのパーミッションを推奨値の440に変更しました。

最後に

簡単なセキュリティチェックは以上です。ここで解説した対策を行うことにより、簡易的ではありますが現時点での可能な対策をとることができたといえます。より詳しい脆弱性検査は、専門の脆弱性診断サービスを利用するとよいでしょう。

Index

数字
- 2段階認証 192
- 2要素認証 192

A
- ACME 170
- AS 58, 63
- AS番号 63
- ATM 30, 50

B
- BASE64 158
- BASIC認証 158
- BGP 48, 64
- BIOS 12
- bonding 10
- BPDU 75

C
- CA 167
- CAPTCHA 193
- chatops 140
- CIA 151
- cloud-init 142
- CMS 161
- CodeX 201
- Control Plane 88
- C-Plane 89
- CPU 4
- CSMA/CD 26
- CUI 13
- CVE 183

D
- Datadog 137
- DBMS 15
- DDoS攻撃 179, 186
- df 124
- Diameter 89
- DIGEST認証 158
- DNS 33
- DoS攻撃 96, 179
- du 127
- DV 167

E
- EPC 88
- Ethernet 26
- ETWS 89
- EV 167

F
- fail2ban 193
- FDDI 27
- Frame Relay 30, 50
- free 124

G
- GE-PON 85
- GLBP 81
- GPGPU 6
- G-PON 85
- GPU 5
- GUI 13

H
- HDD 7
- HSS 89
- htop 129
- HTTP 33
- HTTPサーバ 15
- hubot 140

I
- I/O 11
- IMAPサーバ 17
- Infrastructure as Code ... 147
- IP 39
- IPsec 73
- IPv4 39
- IPv6 39
- IP-VPN 73
- IPアドレス 36
- ISMS 194, 195
- ISP 38
- ISRG 170
- IX 70

J
- JPNIC 38
- JVN 183

K
- kill 131

L
- LAN 29
- LANアダプタ 10
- LANポート 10
- Let's Encrypt 170
- Linux 122

M
- MACアドレス 11, 43
- MACアドレステーブル 44
- man 122
- MME 89
- MPLS/VPLS 50

MTBF ... 105	sl ... 122	**W**
MTTR ... 105	SLA ... 106	w ... 123
N	SMTP ... 33	WAF ... 177
NAP ... 70	SMTPサーバ ... 17	WAN ... 29, 73
NAPT ... 77	SNMP ... 136	Webサーバ ... 15
NIC ... 10	SoftEther VPN ... 73	Well Known Port ... 42
NTP ... 180	SONET/SDH ... 30, 50	WordPress ... 201
	SQLインジェクション ... 152	
O	SSD ... 7	**X**
OS ... 13	ssh ... 156, 188	XSS ... 152
OSI参照モデル ... 31, 33	sshd ... 188	
OSPF ... 48	SSL ... 73, 165	**Z**
OV ... 167	SSL証明書 ... 167	Zabbix ... 136
	STP ... 75	
P		**あ行**
PAM ... 156	**T**	アクセスネットワーク ... 59
PCRF ... 90	TCP/IP階層モデル ... 31, 34	アグリゲーションネットワーク ... 59
PGW ... 89	TCP/IPネットワーク ... 34	アドレス変換 ... 77
pkill ... 133	Terraform ... 147	アプリケーションゲートウェイ型 ... 56
PON ... 85	Tier1プロバイダ ... 67	アプリケーション層 ... 31, 34
POP ... 33	TLS ... 165	アプリケーションプロトコル ... 33
POPサーバ ... 17	Token Ring ... 27	アベイラビリティ ... 52
PPP ... 30, 50	top ... 127	暗号スイート ... 166
PPPoE ... 50	tree ... 126	アンチパスバック ... 197
ps ... 129	TUI ... 129	アンプ攻撃 ... 179
		イーサネット ... 26
Q	**U**	イミュータブルインフラストラクチャ ... 142
QoS ... 87	U-Plane ... 89	インターネットVPN ... 73
	UPS ... 195	インターネットエクスチェンジ ... 70
R	User Plane ... 89	インターネット層 ... 31
reboot ... 133		運用 ... 19, 92
RFC ... 40	**V**	運用設計 ... 97
RIP ... 48	vmstat ... 125	運用のレベル ... 94
root ... 161	VPN ... 72	エッジネットワーク ... 59
Router ... 48	VRRP ... 80	オートスケーリング ... 144
	VRRPプライオリティ ... 81	
S	vuls ... 184, 199	
SCTP ... 89	VulsRepo ... 184	
SELinux ... 163, 201		
SGW ... 90		

Index

あ行

オーバーヘッド ……………… 99
オープンリゾルバ …………… 180
オレオレ証明書 ……………… 169
オンプレミス ………………… 100

か行

カーネル ……………………… 13
回線交換方式 ………………… 86
階層構造 ……………………… 32
鍵交換 ………………………… 166
拡張性 ………………………… 51
仮想IPアドレス ……………… 81
カナリアリリース …………… 104
加入者管理データベース …… 89
カプセル化 ………………… 37, 72
可用性 …………… 52, 100, 152
監査ログ ……………………… 164
監視カメラ …………………… 197
監視ツール ……………… 134, 136
完全性 ………………………… 151
基幹ネットワーク …………… 58
揮発性メモリ ………………… 8
機密性 ………………………… 151
境界パケット交換機 ………… 89
境界防御 ……………………… 55
共通脆弱性識別子 …………… 183
拠点間接続VPN ……………… 74
クライアント・サーバモデル …………………………… 41
クラウドコンピューティング …………………………… 19
クロスサイトスクリプティング …………………………… 152
経路交換 ……………………… 48
コア …………………………… 5
コアネットワーク …………… 60
公開鍵認証 …………………… 156
構築 …………………………… 19
コンテンツ管理システム …… 161

さ行

サーバ ………………………… 2
サービス拒否攻撃 …………… 179
自己署名 ……………………… 169
システムコール ……………… 14
自動リカバリ ………………… 144
指紋認証 ……………………… 197
主記憶装置 …………………… 8
障害 …………………………… 96
冗長性 ………………………… 100
情報セキュリティマネジメント ………………………… 194, 195
自律システム ………………… 58
スイッチングハブ …………… 43
スケーラビリティ …………… 51
スケールアウト ……………… 99
スケールアップ ……………… 98
スケールイン ………………… 100
スター型 ……………………… 27
ステートフル ………………… 99
ステートレス ………………… 99
ストレージ …………………… 7
スワップ領域 ………………… 9
脆弱性 ………………………… 174
静的ルーティング …………… 48
セキュリティ ………………… 150
セキュリティインシデント … 151
設計 …………………………… 19
セッションあふれ …………… 79
セッション層 …………… 31, 34
ゼロデイ攻撃 ………………… 182
専用線 ………………………… 83
総当たり攻撃 ………………… 191
増幅攻撃 ……………………… 179
ソーシャルエンジニアリング ………………………………… 175
ソフトウェア ………………… 3

た行

ダークファイバ ……………… 84
ダイナミックルーティング … 48
多層防御 ………………… 158, 178
チャットボット ……………… 140
中間者攻撃 …………………… 186
中間証明書 …………………… 168
長期記憶装置 ………………… 7
通信回線コントローラ ……… 89
データセンタ ………………… 195
データベース管理システム ………………………………… 15
データリンク層 ………… 31, 34
ディストリビューション
　ネットワーク ……………… 59
デフォルトゲートウェイ …… 48
デプロイ ………………… 101, 118
統合認証基盤 ………………… 156
東西トラフィック …………… 61
同軸ケーブル ………………… 24
動的ルーティング …………… 48
トークン ……………………… 27
トークンパッシング方式 …… 27
トポロジ ……………………… 24
トランシーバ ………………… 24
トランジット ………………… 65
トランスポート層 ……… 31, 34
トンネリング ………………… 72

な行

南北トラフィック …………… 61
入退室管理 …………………… 196
入力装置 ……………………… 9
認証局 ………………………… 167
ネットワークI/O ……………… 11
ネットワークインタフェース層 ………………………………… 31
ネットワーク層 ………… 31, 34

は行

パーシステンス ……………… 53
ハードウェア ………………… 3

パーミッション…………160, 201	ブロードキャストストーム………	**や行**
パケット……………………22, 36	………………………………75	ユーザ認証…………………154
パケット交換方式……………87	ブロードキャストパケット………	**ら行**
パケットフィルタリング型…56	……………………………46, 75	ラウンドロビン方式…………53
パケット中継機………………90	プロトコル……………………32	リーストコネクション方式………
パスワード認証………………156	プロビジョニング……………111	………………………………53
バス型…………………………24	分散DoS攻撃………………180	リスト型攻撃………………191
バックアップルータ…………81	冪等性………………………111	リモートアクセスVPN………73
バックグラウンドプロセス………	ヘッダ…………………………36	リリース……………………101
………………………………132	ヘルスチェック……………118	リング型………………………26
バックボーン…………………58	ポートスキャン…………188, 203	ルータ…………………………48
半二重通信……………………26	ポート番号………………38, 41	ルーティング…………………48
ピア……………………………64	ホットスワップ………………61	ルート証明書………………168
ピアリング……………………65	**ま行**	レイヤ…………………………46
非カプセル化……………37, 72	マスタールータ………………81	レイヤ2スイッチ……………43
標的型攻撃……………………57	マルチコア……………………5	レイヤ3………………………47
ファイアウォール……………55	マルチホーム…………………68	レイヤ3スイッチ……………50
フェールオーバ………………53	マン・イン・ザ・ミドル攻撃…	ローターゲート……………197
フォワーディング……………48	………………………………186	ロードバランサ………………51
物理層……………………31, 34	ミドルウェア…………………15	ローリングデプロイ………101
プライベートIPアドレス……40	無停電電源装置……………195	ロールバック………………104
フラッディング…………45, 75	メールサーバ…………………17	**わ行**
ブルーグリーンデプロイメント…	メトリクス…………………134	ワイルドカード証明書………172
………………………………146	メトロネットワーク…………26	
ブルートフォース攻撃………191	メモリ…………………………8	
プレゼンテーション層……31, 34		

> 著者・監修者プロフィール　※本書執筆当時の情報です

中村 親里（なかむら ちさと）Chapter 1担当

電気通信大学情報理工学部を中退し、アメリカの大学へ編入、B.S. in Computer Science, magna cum laudeを取得し卒業。学生時代にAndroidのインターンシップ参加をきっかけにソフトウェアエンジニアを志す。2017年株式会社サイバーエージェントに新卒入社。スマートフォン向けダイナミックリターゲティング広告配信システム（Dynalyst）の設計、開発、運用に従事。

川畑 裕行（かわばた ひろゆき）Chapter 2担当

大学卒業後、2015年にさくらインターネットに新卒入社。1年間のデータセンター勤務を歴て、現在は自社IoTサービス（sakura.io）の通信基盤を担当。通信技術を軸にサービスネットワークの構築やその上に展開されるアプリケーションを開発する傍ら、技術イベントの運営にも携わる。下手の横好きで光や無線などの通信インフラをこよなく愛す。
電気通信主任技術者（伝送交換・線路）、第一級陸上無線技術士

黒崎 優太（くろさき ゆうた）Chapter 3担当

明治大学理工学部情報科学科卒。2015年に株式会社サイバーエージェントに新卒入社。入社以来スマートフォン向け広告配信プラットフォーム(Dynalyst)の設計、開発、運用に従事。コミュニティ活動として情報科学若手の会の代表幹事、ICTトラブルシューティングコンテスト実行委員を務める。ネットワーク機器やサーバを自宅で運用したり、同僚とボルダリングをするのが趣味。
情報セキュリティスペシャリスト

小林 巧（こばやし たくみ）Chapter 4担当

北海道大学工学部情報エレクトロニクス学科卒。2017年にさくらインターネットに新卒入社。ホスティング系サービスの運用に携わる。在学中にセキュリティエンジニアに出会ったことをきっかけに、セキュリティに興味を持つ。知人の紹介でデータセンターでのアルバイトを始め、サーバの設置・設定・配線などに明け暮れ、その影響で自宅ラックを始める。最近ではアクアリウムに凝っており、水槽を眺めながらお酒を飲むのが至福。

伊勢 幸一（いせ こういち）監修

室蘭工業大学産業機械工学科卒。1996年にスクウェアに入社し、北米にてフルCGのハリウッド映画製作に参加。2000年以後PlayOnlineプロジェクトに参画し同社システムネットワークの統括を担う。2005年ライブドアに入社し技術系執行役員として勤務。2016年さくらインターネットの取締役に就任し現在に至る。クレー射撃と狩猟、二輪ロードスポーツ、オフロード走行を嗜む。

- ●カバーイラスト・本文イラスト
  村山宇希（ぽるか）
- ●装丁
  永瀬優子（ごぼうデザイン事務所）
- ●本文デザイン・DTP
  宮下晴樹（ケイズプロダクション）、小林麻美（ケイズプロダクション）
- ●編集
  森谷健一（ケイズプロダクション）
- ●本書サポートページ
  https://gihyo.jp/book/2018/978-4-7741-9600-8
  本書記載の情報の修正・訂正・補足については、当該Webページで行います。

■お問い合わせについて

　本書に関するご質問については、本書に記載されている内容に関するもののみとさせていただきます。本書の内容と関係のないご質問につきましては、一切お答えできませんので、あらかじめご了承ください。また、電話でのご質問は受け付けておりませんので、FAXか書面にて下記までお送りください。

＜問い合わせ先＞
〒162-0846
東京都新宿区市谷左内町21-13
株式会社技術評論社　雑誌編集部
「イラスト図解でよくわかるITインフラの基礎知識」係
FAX：03-3513-6173

　なお、ご質問の際には、書名と該当ページ、返信先を明記してくださいますよう、お願いいたします。
　お送りいただいたご質問には、できる限り迅速にお答えできるよう努力いたしておりますが、場合によってはお答えするまでに時間がかかることがあります。また、回答の期日をご指定なさっても、ご希望にお応えできるとは限りません。あらかじめご了承くださいますよう、お願いいたします。

イラスト図解でよくわかる
ITインフラの基礎知識

2018年2月28日　初版　第1刷発行
2024年9月21日　初版　第2刷発行

著　者　中村 親里、川畑 裕行、黒崎 優太、小林 巧
監修者　伊勢 幸一
発行者　片岡 巌
発行所　株式会社技術評論社
　　　　東京都新宿区市谷左内町21-13
　　　　TEL：03-3513-6150（販売促進部）
　　　　TEL：03-3513-6177（雑誌編集部）
印刷／製本　TOPPANクロレ株式会社

- ●定価はカバーに表示してあります。
- ●本書の一部あるいは全部を著作権法の定める範囲を超え、無断で複写、複製、転載あるいはファイルを落とすことを禁じます。
- ●造本には細心の注意を払っておりますが、万一、乱丁（ページの乱れ）や落丁（ページの抜け）がございましたら、小社販売促進部までお送りください。送料小社負担にてお取り替えいたします。

©2018　中村 親里、川畑 裕行、黒崎 優太、小林 巧
ISBN978-4-7741-9600-8　C3055
Printed in Japan